□この本の特長□

高校受験では，中学２年までの学習内容が，どれだけ確実に理解できているかどうかが合格の大きなカギになることは言うまでもありません。

本書は，近畿の各高校で近年に実施された入学試験・学力検査の問題から，**中学１年・２年で学習する内容で解答できる問題**を抽出し，分野別・単元別に分類して収録しました。

受験勉強の基礎固めとして適切な良問を選択していますので，正解できなかった問題は，別冊「解答・解説」を参考に，じゅうぶんに理解できるまで復習してください。

この１冊をていねいに学習することで，中学２年までの内容を効果的に復習することができます。それにより，中学３年の内容についても理解がいっそう深まることでしょう。

本書が，高校受験を目指す皆さんの基礎力強化に役立つことを願っています。

も　く　じ

1　植物のつくりと種類

§1．生物の観察

1　ひろあきさんは，身近な生物を調べるために次の観察をおこなった。このことについて，次の問いに答えよ。
（京都西山高）

［観察］　田んぼの水を採取し，スライドガラスに1滴とり，カバーガラスをかけ，プレパラートを作った。これを顕微鏡を用いて観察した。

(1)　図1の顕微鏡で観察するとき，次の(ア)～(エ)を正しい手順に並べよ。

（　→　→　→　）

図1

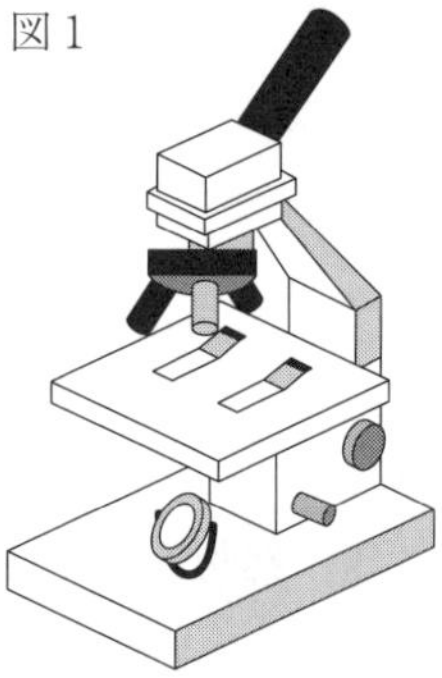

(ア)　対物レンズとプレパラートを横から見ながら調節ねじを回し対物レンズとプレパラートの距離を近づける。
(イ)　ステージにプレパラートを乗せ，クリップで止める。
(ウ)　接眼レンズをのぞきながら視野全体を明るくする。
(エ)　接眼レンズをのぞきながら調節ねじを回し，ピントを合わせる。

(2)　視野全体を明るくするには何と何を調節すれば良いか答えよ。

（　と　）

(3)　接眼レンズの倍率が20倍，対物レンズの倍率が15倍のとき，顕微鏡の倍率を答えよ。
（　倍）

(4)　ひろあきさんが見ている顕微鏡の視野は，図2であった。視野のゾウリムシを中央に動かそうとすると左上に動いてしまった。このとき，ひろあきさんはプレパラートをどの方向に動かしたか。図3の(ア)～(エ)から，最も適当なものを1つ選び答えよ。（　）

図2

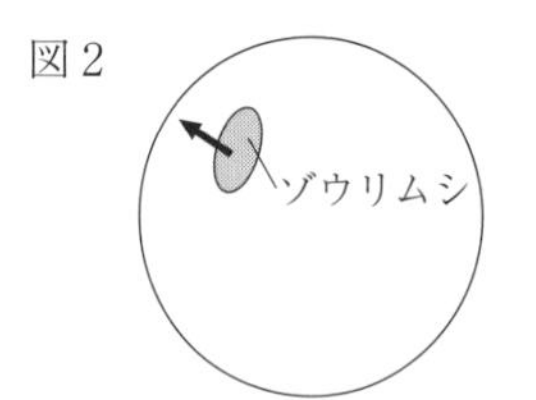

図3

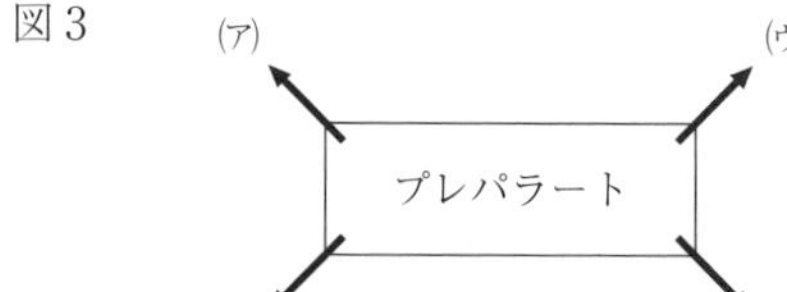

(5)　低倍率から高倍率へ変更すると視野の明るさはどうなるか。「明るくなる」・「暗くなる」のいずれかで答えよ。（　）

(6)　植物の葉のような大きいものであれば，ルーペで観察をおこなうこともある。ルーペで観察をおこなう際，ルーペで太陽を見てはいけない。その理由を答えよ。
（　）

2　ひかるさんは，琵琶湖の水の中にいる微生物を観察することにしました。①微生物を採集して②顕微鏡で観察したところ，図のような生物をみつけることができました。ただし，それぞれの生

物の大きさは実際のものとは異なります。後の各問いに答えなさい。（光泉カトリック高）

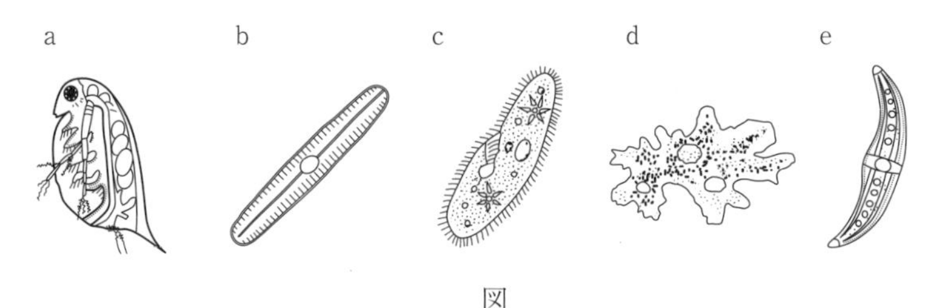

図

問1　下線部①について，水の中の微生物を採集するときの方法としてふさわしくないものを次のア～オの中から１つ選んで，記号で答えなさい。（　　）

ア．水草を集めてしぼる。

イ．水面近くの無色透明な水をコップで注意深くすくう。

ウ．プランクトンネットを引いて，たまった水をビーカーにあける。

エ．水の中の石の表面を歯ブラシでこすり，歯ブラシについたものを洗い落とす。

オ．底に沈んでいる落葉をひろい，ペトリ皿に入れた水にひたし，表面をこすりとる。

問2　下線部②について，顕微鏡の扱い方に関する文として正しいものを次のア～エの中からすべて選んで，記号で答えなさい。（　　）

ア．視野全体を明るくするため，直接日光が当たるように反射鏡を調節する。

イ．高倍率にすると視野が明るくなるため，しぼりを調節して暗くなるようにする。

ウ．右上方の観察物の像を視野の中央に持ってくるには，プレパラートを右上に向かって動かす。

エ．顕微鏡を片付けるときには，対物レンズを外してから接眼レンズを外すようにする。

問3　図のa～eについて，微生物の名称の組合せとして正しいものを次のア～オの中から１つ選んで，記号で答えなさい。（　　）

ア．a：ツリガネムシ　b：ハネケイソウ　d：ゾウリムシ

イ．a：アメーバ　c：ゾウリムシ　e：クンショウモ

ウ．b：ハネケイソウ　c：ミドリムシ　d：アメーバ

エ．b：ミカヅキモ　d：ミドリムシ　e：クンショウモ

オ．c：ゾウリムシ　d：アメーバ　e：ミカヅキモ

問4　図のa～eの微生物の中で，通常，最もからだが大きいものを１つ選んで，記号で答えなさい。（　　）

問5　ひかるさんは，図のaの微生物について調べたところ，甲殻類であることがわかりました。このことから，aの生物についてどのようなことがわかりますか。正しいものを次のア～オの中から１つ選んで，記号で答えなさい。（　　）

ア．光合成を行い，有機物を合成することができる。

イ．からだが１つの細胞でできている単細胞生物である。

ウ．外とう膜から出された炭酸カルシウムでできた殻を持つ。

エ．肺で呼吸を行い，酸素を吸収し，二酸化炭素を排出する。

オ．卵を産んでなかまをふやす卵生である。

§2．花のつくり

3　図はエンドウの花を分解してスケッチしたものである。次の問いに答えなさい。（日ノ本学園高）

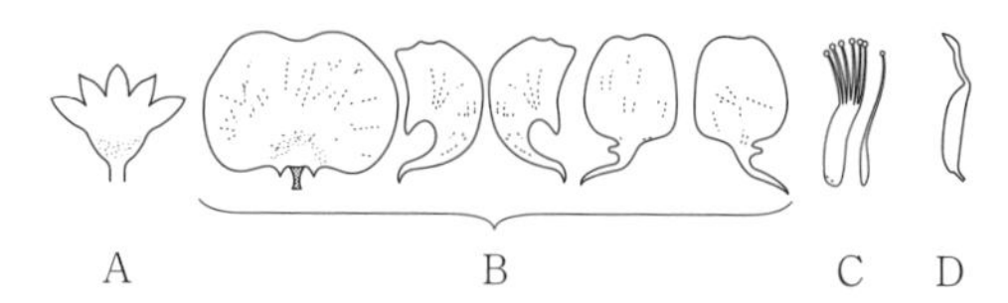

⑴　エンドウの花を手に持ってルーペで観察する場合，ピントを合わせるために動かすのは手とルーペのどちらか書きなさい。（　　　）

⑵　エンドウの花の花弁をA～Dから選びその符号を書きなさい。（　　　）

⑶　Dの根もとのふくらんだ部分を何というか書きなさい。（　　　）

⑷　花粉がめしべの柱頭につくことを何というか書きなさい。（　　　）

4　次の図は，アブラナとマツの断面を模式図で示したものである。次の各問いに答えなさい。

（太成学院大高）

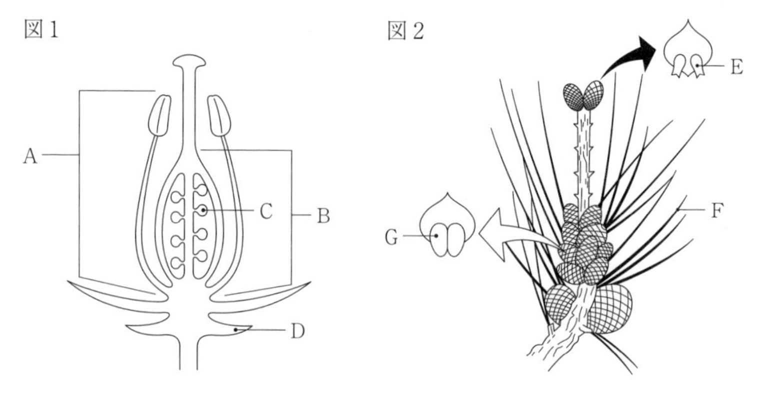

⑴　図1のA～Dの名称を答えなさい。A（　　　）　B（　　　）　C（　　　）　D（　　　）

⑵　図1のBのつくりがある植物を何というか答えなさい。（　　　）

⑶　図1のCは，受粉後何になるか答えなさい。（　　　）

⑷　図1のCは，図2のE～Gのどれに相当するか，記号で答えなさい。（　　）

⑸　図2のように，Eがむき出しになっている植物を何というか答えなさい。（　　　）

⑹　図2と同じ植物の仲間を，次のア～エから選び記号で答えなさい。（　　）

ア）キク　　イ）イチョウ　　ウ）ウメ　　エ）タンポポ

⑺　図2の植物は風で受粉が行われます。そのときの一般的な花粉の特徴として最も適するものを，次のア～エから選び記号で答えなさい。（　　）

ア）花粉が大きく重い。　イ）花粉は小さく，袋がついている。　ウ）花粉の数が少ない。

エ）花粉がギザギザやネバネバしている。

5 右の図は，ある植物の断面の模式図である。これについて，下の問いに答えなさい。（大阪偕星学園高）

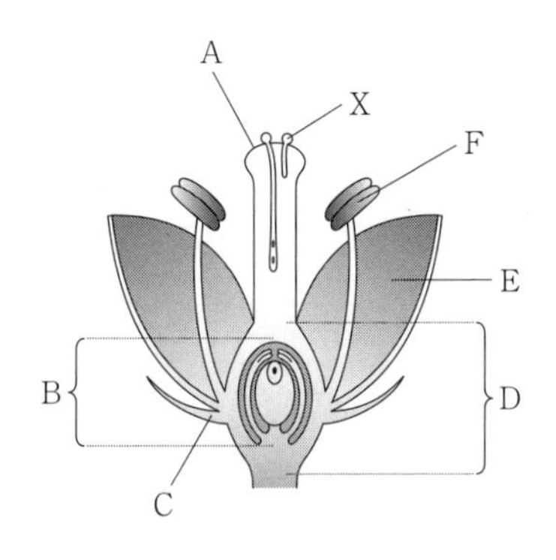

(1) 図のA～Fの名称として最も適当なものを次のア～クよりそれぞれ選び，記号で答えなさい。

A（　　） B（　　） C（　　） D（　　）
E（　　） F（　　）

ア 花弁　イ がく　ウ 子房　エ 種子
オ 柱頭　カ 胚珠　キ めしべ　ク やく

(2) 図のXが，Aの先端につくことを何というか。（　　）

6 右の図は，マツの花のつくりを表したものである。次の問いに答えよ。（大阪体育大学浪商高）

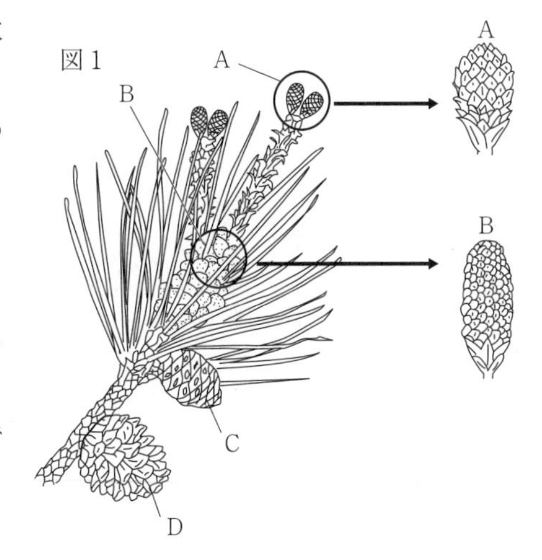

(1) 図1で，雄花の集まりを表しているのは，A～Dのどれか。（　）

(2) 図1で，雌花と雄花の表面についているうろこのようなつくりを何というか。（　　）

(3) 図1のDは，2年前にはA～Cのどの部分だったか。記号で答えよ。（　）

(4) 図1のAの(2)は，図2のa，bのどちらか。記号で答えよ。（　）

図2

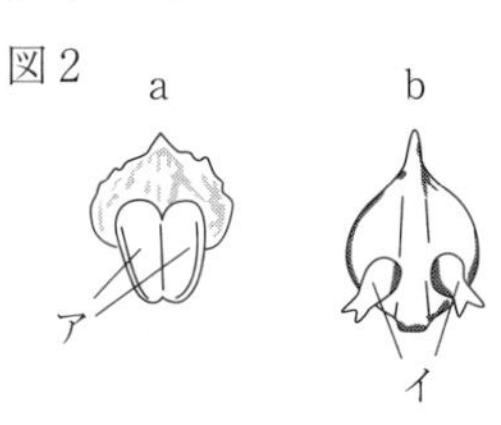

(5) 図2のア，イの名称を答えよ。ア（　　） イ（　　）

(6) 図3は，被子植物の構造を模式的に表したものである。図2のア，イは，図3の①～⑤のどれにあたるか。ア（　） イ（　）

図3

①
②
③
④
⑤

(7) 被子植物のめしべにあって，マツの雌花にないのは何か。図3の①～⑤から番号で選び，その部分の名称を答えよ。

番号（　） 名称（　　）

(8) (7)から，マツのような花のつくりの植物を何というか。（　　）

(9) マツの花には花弁がない。また，マツの花粉はふくろがついている。このことからマツの花粉は何によって運ばれると考えられるか。（　　）

§3. 根・茎・葉のつくり

7 植物のつくりとはたらきについて，次の各問いに答えなさい。 (大阪女学院高)

葉のつくりを調べるために，ツバキの葉のうすい切片をつくり，顕微鏡で横断面を観察しました。図はその模式図です。

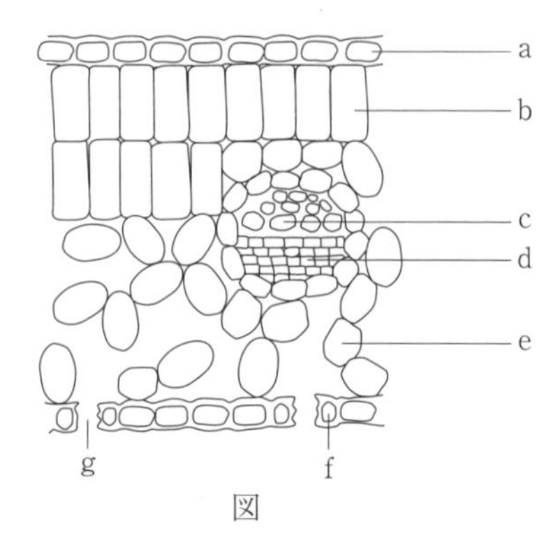

図

(問1) 葉の観察用の切片をつくるためにある工夫をすると，カミソリでうすく切りやすくなります。その工夫として最も適当なものを次の中から選び，記号で答えなさい。(　　　)

(あ) 凍らせてから切る
(い) 熱湯につけてから切る
(う) アルコールにつけてから切る
(え) 発泡ポリスチレンにはさんでから切る

(問2) 光合成を行うことができるものはどれですか。図のa～fからすべて選び，記号で答えなさい。(　　　)

(問3) 死細胞でできているものはどれですか。図のa～fから選び，記号で答えなさい。(　　　)

(問4) 酸素の出入りは，葉のどの部分を通して行われますか。図のa～gから選び，記号で答えなさい。また，その名称を答えなさい。記号(　　　)　名称(　　　)

8 下の図1，2は，ダイズとトウモロコシのある部分のつくりを示したものです。あとの問いに答えなさい。 (香ヶ丘リベルテ高)

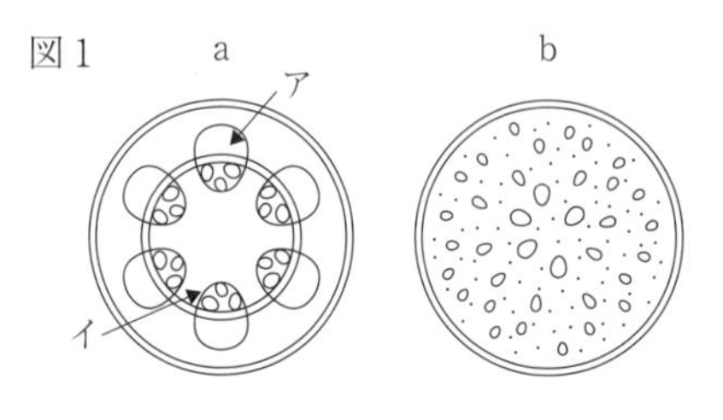

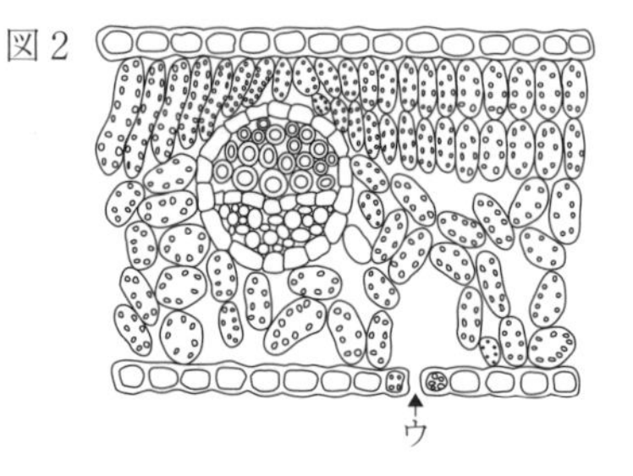

(1) 図1のa，bの茎の断面図は，ダイズ・トウモロコシのどちらのものか答えなさい。また，このようなつくりによる植物の分類名を答えなさい。

	名称	分類名
a		類
b		類

(2) 次の文章は，図1のア・イの部分について説明したものです。【　　】にあてはまる語句を答えなさい。ただし，①と③については，ア・イの記号で答えなさい。

①(　　)　②(　　　)　③(　　)　④(　　　)　⑤(　　　)

「図1のaの【①　ア・イ】には，水が通っていて【 ② 】といい，【③　ア・イ】には，栄養分が通り【 ④ 】という。このア・イの部分をあわせて【 ⑤ 】という。」

(3) 図2のウからは，大気中に水分が放出されている。その現象を何というか答えなさい。また，ウの名称も答えなさい。現象名(　　　)　ウの名称(　　　)

9 右の図はある植物のからだを顕微鏡で観察し，スケッチしたものである。下の問 1～3 に答えなさい。　　　　（京都成章高）

図

問 1　図の A，B の名称を答えなさい。

A（　　　）　B（　　　）

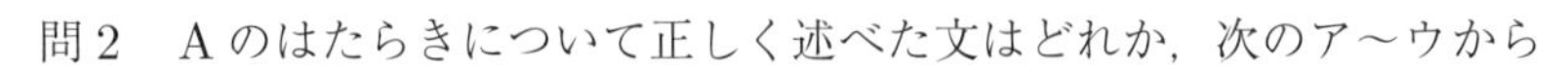

問 2　A のはたらきについて正しく述べた文はどれか，次のア～ウから 1 つ選び記号で答えなさい。（　　）

ア　根で吸収した水分を運ぶ。

イ　葉で合成した栄養分を運ぶ。

ウ　光合成に必要な二酸化炭素を取り入れる。

問 3　観察したある植物とは次のうちどれか，次のア～エから 1 つ選び記号で答えなさい。（　　）

ア　マツ　　イ　スギゴケ　　ウ　アブラナ　　エ　トウモロコシ

10 図 1 と図 2 は，トウモロコシとホウセンカの茎の断面を模式的に表したものです。これについて，あとの(1)～(5)の各問いに答えなさい。　　　　（仁川学院高）

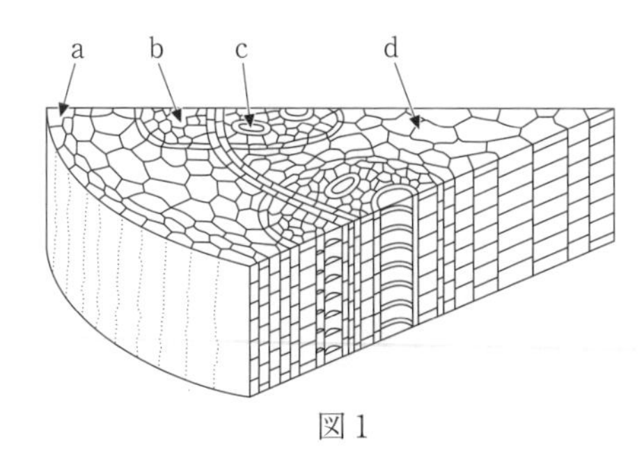

図 1

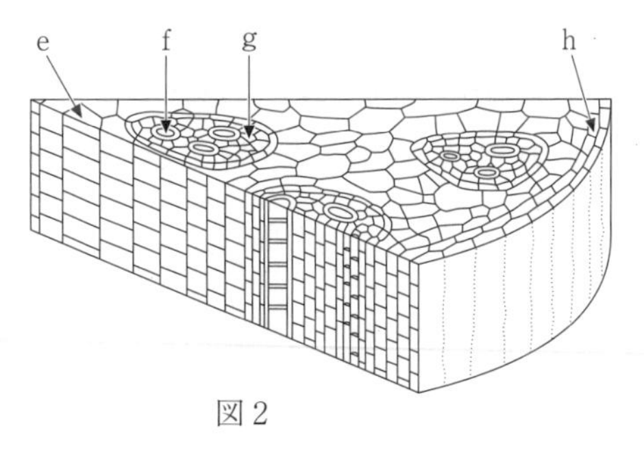

図 2

(1)　ホウセンカの茎の断面図は，図 1 と図 2 のどちらですか。（　　　）

(2)　図 1 と図 2 について，師管は a～h のうちのどれですか。2 つ選び，記号で答えなさい。

（　　　）（　　　）

(3)　図 1 と図 2 について，道管は a～h のうちのどれですか。2 つ選び，記号で答えなさい。

（　　　）（　　　）

(4)　次の文章中の（ ① ）～（ ③ ）に適する語句を答えなさい。ただし，（ ① ）と（ ② ）については**漢字**で答え，（ ③ ）については，「**溶けやすい**」または「**溶けにくい**」のいずれかを答えなさい。①（　　　）　②（　　　）　③（　　　）

根から吸い上げられた水や無機栄養分は，道管を通って葉のすみずみまでいきわたり，水の一部は，葉の表皮にある（ ① ）から水蒸気として放出される。この現象を（ ② ）という。一方，葉でつくられた有機栄養分であるデンプンは，水に（ ③ ）物質に変えられ，師管を通って植物のからだ全体へと運ばれていく。

(5)　次のア～エの文章のうち，誤っているものを 1 つ選び，記号で答えなさい。（　　　）

ア　買ってきた切り花を長く楽しむためには，水中で茎を下から 10cm くらい切る。これを行わないと十分に水を吸収できない。

イ　茎や葉の道管を観察しやすくするためには，茎を色素の溶けた水にしばらくつけたものを使うのがよい。

ウ　根の道管は茎の道管よりも太く，茎の途中で枝分かれするうちに，どんどん細くなっていく。

エ　茎の断面を顕微鏡で観察するためには，かみそりで薄切りにしたものを使う。

11　次の図は植物を模式的に表したものである。以下の問いに答えなさい。　(大商学園高)

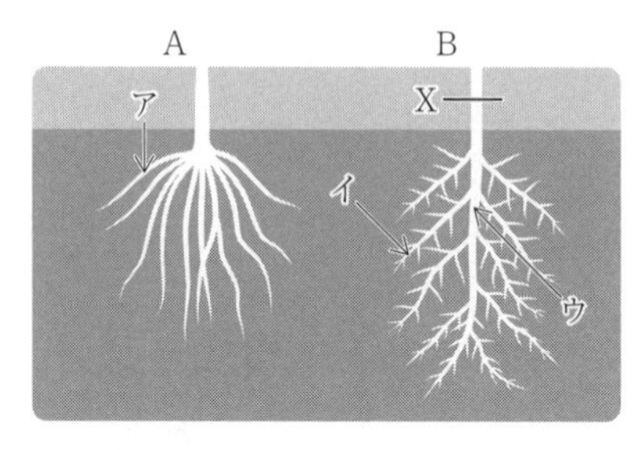

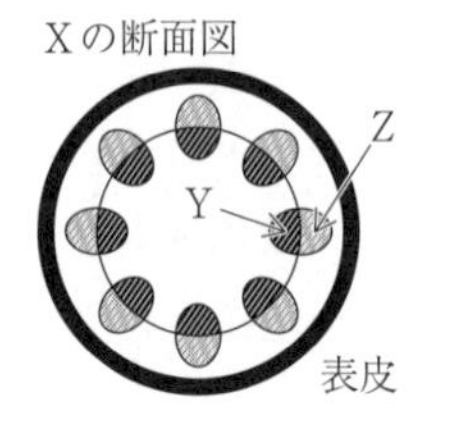

(1)　図のア～ウの根の名称の組み合わせとして正しいものを1つ選び，記号で答えなさい。(　　)

	ア	イ	ウ
①	ひげ根	側根	主根
②	側根	ひげ根	主根
③	主根	側根	ひげ根
④	ひげ根	主根	側根

(2)　根の先端近くをよく観察すると，小さな毛のようなものが生えている。これを何というか，答えなさい。(　　　)

(3)　上図Bの植物として最もふさわしいものを1つ選び，記号で答えなさい。(　　)

①　ヒマワリ　　②　ヒヤシンス　　③　スズメノカタビラ

(4)　Xの断面を観察すると，図中のYのような管が見られた。この管を何というか，答えなさい。

(　　　)

(5)　Xの断面をよく観察すると数本のYとZが束になっていることがわかった。この束を何というか，答えなさい。(　　　)

(6)　YとZの管を通る物質の組み合わせとして，正しいものを1つ選び，記号で答えなさい。

(　　)

	Y	Z
①	根から吸収した水や養分	葉で作られた養分
②	葉で作られた養分	根から吸収した水や養分
③	根で吸収した酸素	葉で作られた二酸化炭素
④	根で作られた養分	葉で作られた酸素

§4．光合成・呼吸・蒸散

12 アジサイの光合成について調べるために，右の図のような外側が白くなった葉（ふ入りの葉）を使って，下の手順で実験を行いました。これについて，次の各問いに答えなさい。　(上宮太子高)

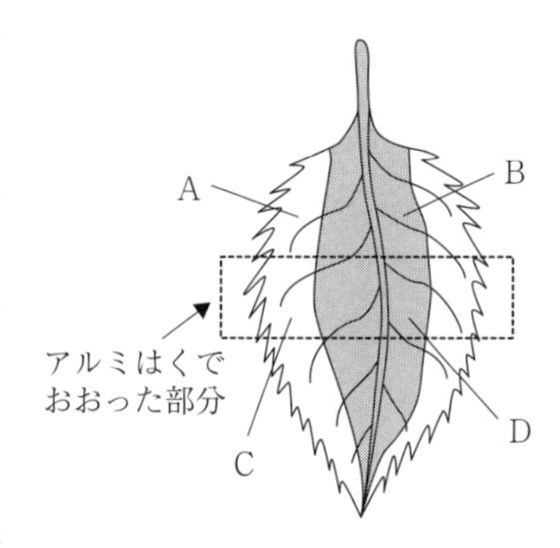

〔手順〕

① 実験の前日に，

。

② 鉢植えのアジサイの葉の1枚を選んで，図で示した部分をアルミはくでおおってから葉に光を十分に当てた。

③ 葉を茎からつみとり，アルミはくをはずしてから熱湯に浸し，その後，エタノールの中に葉を入れた。

④ 葉を水洗いした後，ある試薬につけて葉のA～Dの色の変化を調べた。

〔結果〕

Bの部分だけ色が変わった。

問1 手順①の空欄Xにあてはまる文章として正しいものを，次のア～エから1つ選んで，記号で答えなさい。(　　　)

ア アジサイの葉を茎からつみとっておいた

イ アジサイの鉢植えの土に肥料を与えた

ウ アジサイの鉢植えを暗い場所に置いた

エ アジサイの鉢植えに水をやった

問2 アジサイの葉に見られるような葉脈を何といいますか。漢字で答えなさい。(　　　)

問3 アジサイの葉のふの部分が白っぽい色をしているのはなぜですか。

(　　　　　　　　　　　　　　　　　　　)

問4 手順③で使うエタノールとして正しいものを，次のア～エから1つ選んで，記号で答えなさい。(　　　)

ア 氷で冷やしたもの

イ 室温（約20℃）でしばらくおいたもの

ウ ガスバーナーで加熱したもの

エ 熱湯で温めたもの

問5 手順③で，葉をエタノールに入れたのはなぜですか。(　　　　　　　　　)

問6 手順④で用いる試薬の名称を答えなさい。(　　　)

問7 次の(1)，(2)のことを確かめるためには，図のA～Dのうち，どの2か所の結果を比べればよいですか。組み合わせとして正しいものを，下のア～カからそれぞれ1つずつ選んで，記号で答えなさい。

(1) 光合成は葉の緑色の部分で行われる。(　　　)

(2) 光合成には光が必要である。(　　　)

ア AとB　イ AとC　ウ AとD　エ BとC　オ BとD　カ CとD

13　次の実験について，あとの問いに答えよ。　(常翔啓光学園高)

〈実験1〉 植物の新鮮な葉を何枚か切り取り，ポリエチレンの袋に入れた。その後，空気が入ったまま閉じて，a暗いところに置いた。次の日，図1のようにポリエチレンの袋の中の気体を押し出して石灰水に通すと，b石灰水は白くにごった。

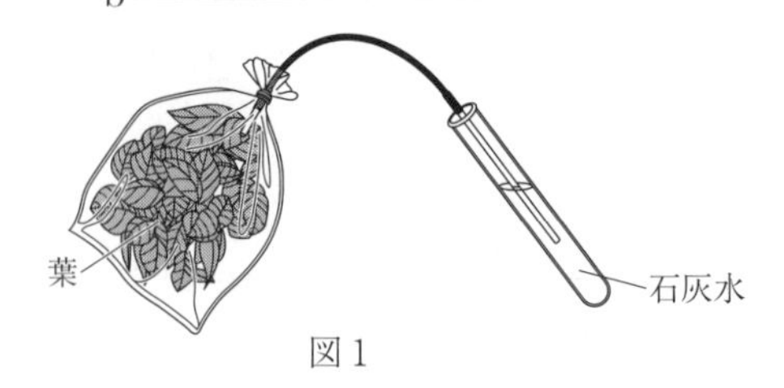

図1

〈実験2〉 図2のように，ある植物のふ入りの葉の一部をアルミニウムはくでおおい，日光を十分に当ててから葉を切り取った。次にcアルミニウムはくをはずして，葉を30秒ほど熱湯につけた後，温めたエタノールにつけた。数分後，エタノールから取り出し，(d)溶液をかけて葉の色の変化を調べたところ，e葉の色が変化した部分と，ほとんど変化しない部分とに分かれた。

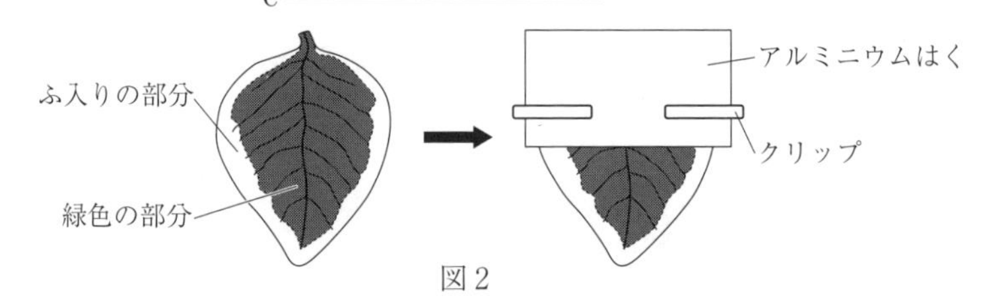

図2

(1) 次の文は，下線部aのようにした理由を説明したものである。①，②に適する語句を答えよ。
①(　　　)　②(　　　)
(①)が当たることで，葉が(②)を行うことを防ぐため。

(2) 下線部bのように変化したのは，袋の中に何という気体が増えたためか。名称を答えよ。
(　　　)

(3) (2)の気体が増えたのは，葉の何というはたらきによるものか。(　　　)

(4) ふ入りの部分が白っぽくなるのは，何というつくりがたりないためか。(　　　)

(5) 次の文は，下線部cの操作後，葉とエタノールにおこる変化を説明したものである。①，②に適する語句を答えよ。①(　　　)　②(　　　)
葉を30秒ほど熱湯につけてから温めたエタノールにつけたところ，葉の緑色は(①)なり，エタノールは(②)色になった。

(6) (d)に適する語句を答えよ。(　　　)

(7) 下線部eにおいて，葉は何色に変化したか。(　　　)

(8) 実験2で，(7)のように変化した部分はどこか。当てはまる部分をぬりつぶしなさい。

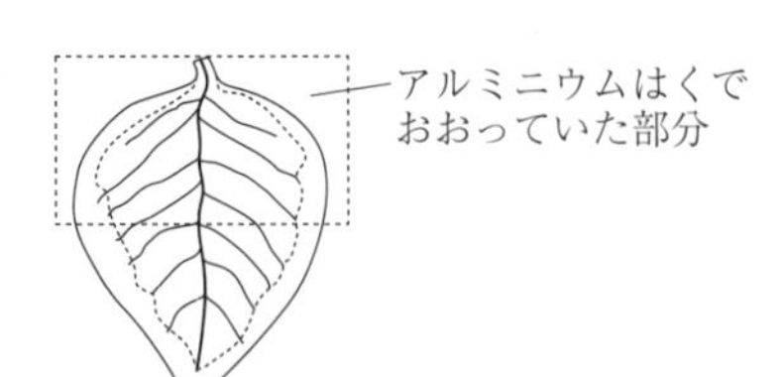

14 光合成について調べるために，オオカナダモを使って以下の実験を行いました。次の問いに答えなさい。　(阪南大学高)

【実験】 図のように，息を吹き込んで緑色にしたBTB溶液を試験管A～Cに同じ量ずつ入れ，試験管A，Bにはオオカナダモを入れて全ての試験管にゴム栓をした。試験管Bはアルミニウムはくで包んだ。次に，試験管A～Cを直射日光に数時間当てた後，各試験管のBTB溶液の色の変化を調べた。表は，その結果である。また，試験管Aでは，オオカナダモから気泡が発生し，水面に上がっていく様子が観察された。

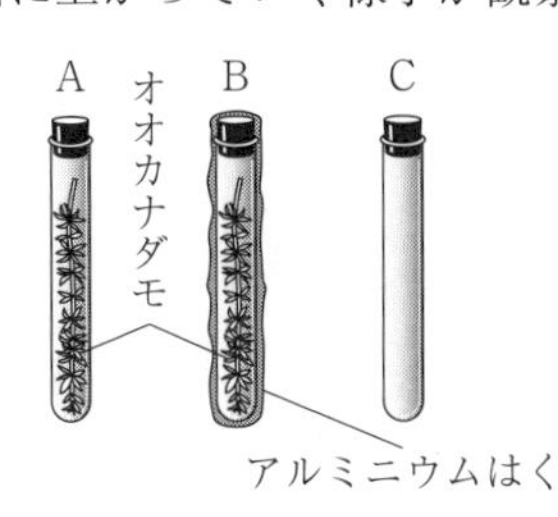

試験管	A	B	C
BTB溶液の色	青色	黄色	緑色

(1) この実験で試験管Cを用意した理由として最も適切なものを，次のア～エから選び，記号で答えなさい。(　　　)

ア　光を当てただけでBTB溶液の色が変化することを確かめるため。

イ　光を当てただけではBTB溶液の色が変化しないことを確かめるため。

ウ　光を当てただけでは試験管内の水の量が減少しないことを確かめるため。

エ　光を当てなくてもBTB溶液の色が変化することを確かめるため。

(2) 試験管BでBTB溶液が黄色に変化した理由として最も適切なものを，次のア～エから選び，記号で答えなさい。(　　　)

ア　オオカナダモのはたらきによって二酸化炭素が吸収され，アルカリ性になったから。

イ　オオカナダモのはたらきによって酸素が吸収され，酸性になったから。

ウ　オオカナダモのはたらきによって二酸化炭素が発生し，酸性になったから。

エ　オオカナダモのはたらきによって酸素が発生し，アルカリ性になったから。

(3) 試験管Aで発生した気泡の気体の特徴として最も適切なものを，次のア～エから選び，記号で答えなさい。(　　　)

ア　石灰水を入れて振ると白く濁る。

イ　火のついた線香を入れると激しく燃える。

ウ　火のついた線香を入れると火が消える。

エ　水でぬらした青色リトマス紙に気体をふれさせると赤色に変化する。

(4) 試験管Aを直射日光に当て続けると，気泡が発生しなくなりました。もう一度気泡を発生させるためにある操作を行いました。その後，再び直射日光に当てて試験管内の様子を観察したところ，気泡が発生する様子が観察されました。このとき行った操作として最も適切なものを，次のア～エから選び，記号で答えなさい。(　　　)

ア　試験管を冷却する。　　イ　試験管を温める。　　ウ　オオカナダモの量を増やす。

エ　試験管に息を吹き込む。

⑸　次の文章はオオカナダモのはたらきについて述べたものです。空欄（ あ ）～（ う ）に当てはまる語句の組み合わせとして最も適切なものを，右のア～カから選び，記号で答えなさい。（　　　）

	あ	い	う
ア	水素	呼吸	水
イ	酸素	蒸散	二酸化炭素
ウ	脂肪酸	消化	酸素
エ	酸素	呼吸	二酸化炭素
オ	脂肪酸	蒸散	酸素
カ	水素	消化	水

　オオカナダモは光合成を行っている。オオカナダモは，光のエネルギーを使い，二酸化炭素と水を材料としてデンプンと（ あ ）がつくられる。また，（ い ）も行っており，（ い ）を行うとき，（ う ）を放出していると考えられる。

15　蒸散について調べるために，葉の大きさや枚数，茎の太さがほぼ同じアジサイを３本用意した。図のA～Cのように水を入れた試験管にアジサイを差し，水面に少量の油を注いだのち，葉にワセリンを塗り，全体の質量を測定した。１時間置いたのち，再び質量を測定し水の減少量を計算した。表はその結果をまとめたものである。　（京都西山高）

図

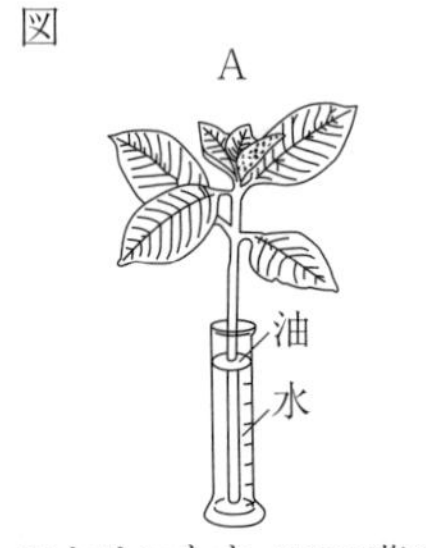

ワセリンをすべての葉の表面に塗る。

ワセリンをすべての葉の裏面に塗る。

ワセリンをすべての葉の表面と裏面に塗る。

表

	A	B	C
水の減少量（g）	4.8	2.6	1.2

⑴　実験の結果より，蒸散は葉の表，裏のどちらの面で盛んにおこなわれているか，「表」・「裏」のいずれかで答えよ。（　　　）

⑵　下線部の操作をおこなわずに実験をおこなうと，水の減少量は表の結果と比べてどのように変化するか。「大きくなる」・「小さくなる」・「変わらない」のいずれかで答えよ。（　　　）

⑶　⑵の答えになるのはなぜか。その理由を簡単に答えよ。
（　　　　　　　　　　　　　　　　　　　　　　　　　　）

⑷　実験とほぼ同じアジサイにワセリンを塗らないで，同じ実験をおこなった。１時間置くと１時間の水の減少量は何gになるか。表の値を用いて計算せよ。ただし，アジサイの茎からの蒸散による水の減少量は表のCの値とする。（　　　g）

⑸　蒸散における水蒸気の放出はどこからおこなわれるか答えよ。（　　　）

⑹　⑸を通して出入りする物質を１つ答えよ。ただし，解答は水蒸気以外とする。（　　　）

16 植物のはたらきを調べるために，実験Ⅰ，実験Ⅱを行った。あとの〔問1〕～〔問6〕に答えなさい。

（和歌山県）

実験Ⅰ 「オオカナダモを使った実験」

(i) 4本の試験管A～Dを用意し，ほぼ同じ大きさのオオカナダモを試験管A，Bにそれぞれ入れた。

(ii) 青色のBTB溶液に息を吹き込んで緑色にしたものを，すべての試験管に入れて満たした後，すぐにゴム栓でふたをした（図1）。

(iii) 試験管B，Dの全体をアルミニウムはくでおおい，試験管B，Dに光が当たらないようにした。

(iv) 4本の試験管を光が十分に当たる場所に数時間置いた（図2）。

(v) 試験管のBTB溶液の色を調べ，その結果をまとめた（表1）。

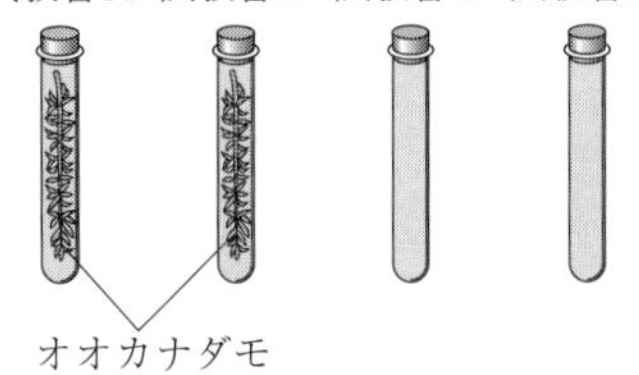

図1 BTB溶液を入れた4本の試験管

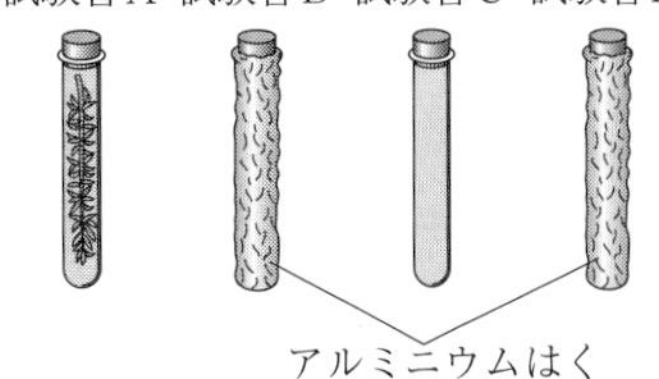

図2 光が十分に当たる場所に置いた4本の試験管

表1 実験Ⅰの結果

試験管	A	B	C	D
BTB溶液の色	青色	黄色	緑色	緑色

実験Ⅱ 「アジサイを使った実験」

(i) 葉の大きさや枚数，茎の太さや長さがほぼ同じアジサイを3本用意して，それぞれに表2のような処理を行い，アジサイA，B，Cとした。

表2 処理の仕方

アジサイ	処理
A	葉の表側にワセリンをぬる
B	葉の裏側にワセリンをぬる
C	葉の表側と裏側にワセリンをぬる

(ii) 同じ大きさの3本の試験管に，それぞれ同量の水と，処理したアジサイA～Cを入れ，少量の油を注いで水面をおおった（図3）。

(iii) アジサイA～Cの入った試験管の質量をそれぞれ測定し，明るく風通しのよい場所に一定時間置いた後，再びそれぞれの質量を測定した。

図3 処理したアジサイと試験管

(iv) 測定した質量から試験管内の水の減少量をそれぞれ求め，その結果をまとめた（表3）。

表3 実験Ⅱの結果

アジサイ	A	B	C
水の減少量〔g〕	4.8	2.6	1.1

〔問1〕 実験Ⅰでは，試験管Cや試験管Dを用意し，調べたいことがら以外の条件を同じにして実験を行った。このような実験を何というか，書きなさい。(　　　)

〔問2〕 次の文は，実験Ⅰの結果を考察したものである。文中の①，②について，それぞれア，イのうち適切なものを1つ選んで，その記号を書きなさい。また文中の［X］にあてはまる物質の名称を書きなさい。①(　　　)　②(　　　)　X(　　　)

> 試験管Aでは，植物のはたらきである呼吸と光合成の両方が同時に行われているが，①{ア　呼吸　　イ　光合成} の割合の方が大きくなるため，オオカナダモにとり入れられる［X］の量が多くなり，試験管AのBTB溶液の色は青色になる。
> 一方，試験管Bでは，②{ア　呼吸　　イ　光合成} だけが行われるため，オオカナダモから出される［X］により，試験管BのBTB溶液の色は黄色になる。

〔問3〕 実験Ⅱについて，植物のからだの表面から，水が水蒸気となって出ていくことを何というか，書きなさい。(　　　)

〔問4〕 実験Ⅱについて，図4はアジサイの葉の表皮を拡大して模式的に表したものである。図4の［Y］にあてはまる，2つの三日月形の細胞で囲まれたすきまの名称を書きなさい。(　　　)

図4　アジサイの葉の表皮を拡大した模式図

〔問5〕 実験Ⅱ(ii)について，下線部の操作をしたのはなぜか，簡潔に書きなさい。

(　　　　　　　　　　　　　　　　　　　　　　)

〔問6〕 実験Ⅱ(i)で用意したアジサイとほぼ同じものをもう1本用意し，葉のどこにもワセリンをぬらずに，実験Ⅱ(ii)～(iv)と同じ条件で，同様の実験を行った場合，試験管内の水の減少量は何gになると考えられるか。表3を参考にして，次のア～エの中から最も適切なものを1つ選んで，その記号を書きなさい。ただし，アジサイの茎からも水蒸気が出ていくものとする。(　　　)

ア　5.2g　　イ　6.3g　　ウ　7.4g　　エ　8.5g

17 ツユクサの葉の裏側の表皮を顕微鏡で観察すると図のように見えた。これについて，次の問いに答えなさい。 (京都明徳高)

図

(1) 気孔のまわりの細胞Xを何というか。(　　　)

(2) 気孔から植物の体内の水分が水蒸気となって出ていくことを何というか。(　　　)

(3) 植物は気孔から気体を出入りさせている。光が当たっているとき，植物は光合成と呼吸を同時に行っているが，気体の出入り全体としては二酸化炭素をとり入れて，酸素を出しているように見える。それはなぜか，「気体の量」という語句を用いて答えなさい。

(　　　　　　　　　　　　　　　　　　　　　　)

18 アジサイを用いて次の実験を行った。あとの各問いに答えなさい。（大阪商大堺高）

［実験］

① 葉の大きさや数，茎の太さや長さが等しい枝A～Dを用意した。

② 枝A～Dに次の操作を行った。

A：何も処理しない。

B：葉の表側にだけワセリンをぬる。

C：葉の裏側にだけワセリンをぬる。

D：すべての葉を切り取り，切り口にワセリンをぬる。

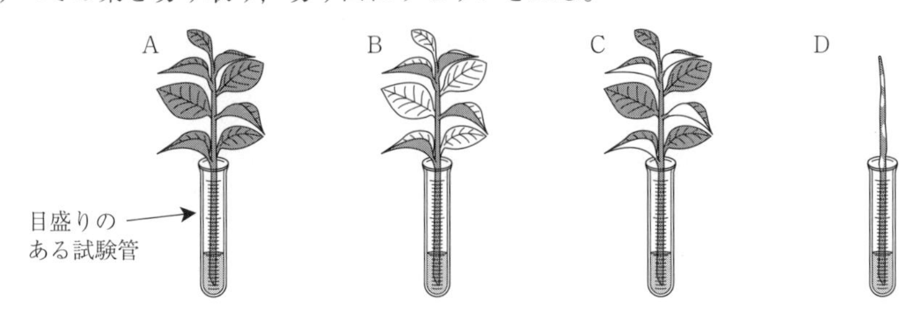

③ 枝A～Dを10mℓの水が入った試験管にそれぞれさした。

④ ③のそれぞれの試験管の水面に油をそそぎ，これらを試験管A～Dとした。

⑤ 試験管A～Dを風通しのよい日光が当たる場所に10時間放置し，試験管内の水の量を測定した。その結果を下の表にまとめた。

試験管	A	B	C	D
実験前の水の量[mℓ]	10	10	10	10
実験後の水の量[mℓ]	3.0	5.0	7.5	9.5

(1) アジサイのように，胚珠が子房に覆われている植物を何というか。また，イチョウのように胚珠が子房で覆われていない植物を何というか。

子房に覆われている（　　　）　子房に覆われていない（　　　）

(2) 種子植物などの葉の表皮に見られる，気体の出入り口を何というか。（　　　）

(3) 吸い上げられた水が，(2)から水蒸気となって出ていく現象を何というか。（　　　）

(4) 吸い上げられた水は，根，茎，葉の何という管を通って植物のからだ全体に運ばれるか。

（　　　）

(5) アジサイの葉を上から見ると，互いが重なり合わないようについている。この理由を15字以内で述べなさい。□□□□□□□□□□□□□□□

(6) 実験④において，試験管の水面に油をそそいだのはなぜか。この理由を15字以内で述べなさい。□□□□□□□□□□□□□□□

(7) アジサイの葉の表側から出て行った水蒸気の量［mℓ］を答えなさい。（　　　mℓ）

§５．植物のなかま

19　地球上で生活している植物の数は，約20万種とも約30万種ともいわれています。これらの植物は，ふえ方や体のつくりなどの特徴をもとに，なかま分けすることができます。次の図は，アサガオ，トウモロコシ，スギ，イヌワラビ，アブラナをそれぞれの特徴をもとに（ a ）～（ e ）になかま分けしたものです。以下の問いに答えなさい。　(天理高)

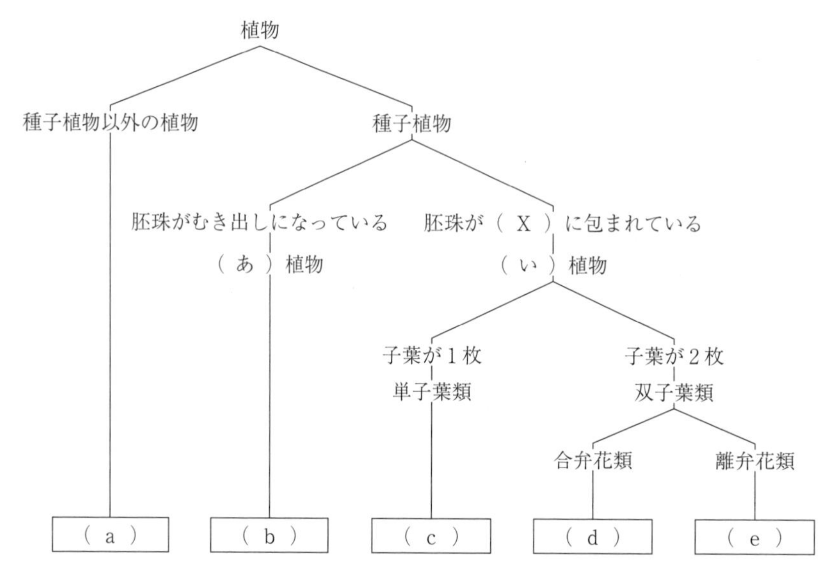

(1)　最初にアサガオ，トウモロコシ，スギ，イヌワラビ，アブラナを，図のように（ a ）と（ b ）～（ e ）の２つになかま分けしました。（ a ）と他の植物の特徴の違いを示す文として，最も適するものを次のア～クから１つ選び，記号で答えなさい。（　　　）

ア．（ a ）は光合成をするが，他の植物は光合成をしない。
イ．（ a ）は光合成をしないが，他の植物は光合成をする。
ウ．（ a ）は呼吸をするが，他の植物は呼吸をしない。
エ．（ a ）は呼吸をしないが，他の植物は呼吸をする。
オ．（ a ）は花を咲かせるが，他の植物は花を咲かせない。
カ．（ a ）は花を咲かせないが，他の植物は花を咲かせる。
キ．（ a ）は根・茎・葉の区別があるが，他の植物は根・茎・葉の区別がない。
ク．（ a ）は根・茎・葉の区別がないが，他の植物は根・茎・葉の区別がある。

(2)　種子植物は，胚珠の特徴により２つになかま分けすることができます。図中の（ X ），（ あ ），（ い ）に適する語句を漢字で答えなさい。

X（　　　）　あ（　　　）　い（　　　）

(3)　（ a ）～（ e ）にあてはまる植物をアサガオ，トウモロコシ，スギ，イヌワラビ，アブラナの中から，それぞれ１つずつ選び，答えなさい。

a（　　　）　b（　　　）　c（　　　）　d（　　　）　e（　　　）

20 植物のなかま分けに関して，あとの問い(1)～(6)に答えなさい。 (早稲田摂陵高)

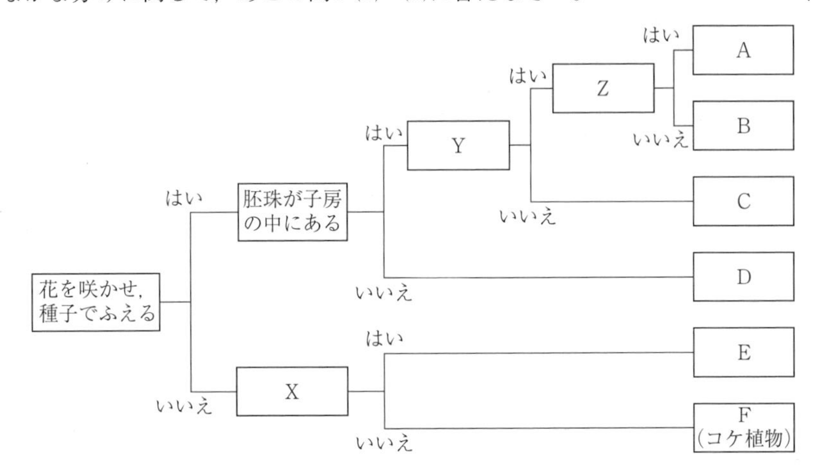

(1) 図のX，Y，Zにあてはまる観点を，次の(ア)～(オ)からそれぞれ1つずつ選び，記号で答えなさい。
X（　　　）　Y（　　　）　Z（　　　）
(ア) 子葉が2枚で網状脈である　(イ) 子葉が1枚でひげ根である
(ウ) 花弁が1枚1枚離れている　(エ) 根・茎・葉の区別がある　(オ) 陸上で生活する

(2) 図のB，Cは，その特徴からそれぞれ何類に分類されますか。B（　　　類）C（　　　類）

(3) 図のDは，その特徴から何植物に分類されますか。（　　　植物）

(4) 「花を咲かせ，種子でふえる」の観点で「いいえ」の植物は，何をつくってふえますか。
（　　　）

(5) 図のF（コケ植物）は，水や養分をどこから吸収しますか。簡単に答えなさい。（　　　）

(6) タンポポ，スギは，図のどのグループに属しますか。A～Fからそれぞれ1つずつ選び，記号で答えなさい。タンポポ（　　　）　スギ（　　　）

21 植物について，次の問いに答えなさい。 (京都明徳高)

(1) 次の文はコケ植物の体のつくりについて説明したものである。正しい文になるように，文中の①・②についてどちらの語句が正しいか選び，答えなさい。①（　　　）　②（　　　）
コケ植物の体には，水や養分を運ぶための維管束が①（あり，なく），葉や茎，根の区別が②（ある，ない）。

(2) (1)の文の下線部の維管束には，2つの管がある。そのうち根から吸収した水分や水にとけた栄養分を通す管を何というか漢字で答えなさい。（　　　）

(3) 種子でなかまをふやす植物を種子植物というが，コケ植物は何によってなかまをふやすか答えなさい。（　　　）

(4) コケ植物と同じような方法でなかまをふやす植物は何植物か答えなさい。（　　　）

(5) 種子植物の中で，子房がなく胚珠がむき出しになっている植物は何植物か答えなさい。
（　　　）

2　大地の変化

§1．火山・火成岩

1　マグマからできた岩石について，次の文章を読み，下の各問いに答えなさい。　(華頂女高)

マグマが冷え固まって岩石になったものを（ ① ）という。マグマの冷え方には，急速に冷える場合とゆっくり冷える場合とがある。（ ① ）は，その冷え方のちがいによって，見た目が大きく異なる2つの種類に分けることができる。（ ① ）のうち，上昇したマグマが地表に近い地下や，溶岩のように地表にふき出て急速に冷え固まったものを（ ② ）という。一方，地上にふき出ることなく，たいへん長い時間をかけて地下の深いところで冷え固まったものは（ ③ ）という。これらの（ ① ）は，火山灰と同じように，［ A ］からできている。

(1) 文中の（ ① ）～（ ③ ）に適する語句を，次の㋐～㋔から選び，記号で答えなさい。
①(　　　)　②(　　　)　③(　　　)
㋐ 深成岩　㋑ 火成岩　㋒ 火山岩　㋓ 堆積岩　㋔ 化石

(2) 文中の［ A ］は，マグマが冷えてできた粒のうち，結晶になったものをさしている。この結晶のことを何というか答えなさい。(　　　)

(3) 文中の［ A ］は，マグマのねばりけが強いか弱いかで，その色がちがっている。マグマのねばりけが弱いものはどのような色になるか。次の㋐～㋒から選び，記号で答えなさい。(　　　)
㋐ 白っぽい　㋑ 透明　㋒ 黒っぽい

(4) 文中の（ ② ）と（ ③ ）に分けられるものを，次の㋐～㋙からそれぞれ3つずつ選び，記号で答えなさい。②(　　　)(　　　)(　　　)　③(　　　)(　　　)(　　　)
㋐ 石灰岩　㋑ 玄武岩　㋒ れき岩　㋓ 斑れい岩　㋔ 泥岩　㋕ 安山岩
㋖ チャート　㋗ せん緑岩　㋘ 流紋岩　㋙ 花こう岩

(5) 文中の（ ③ ）の岩石を観察すると，石基の部分がなく，肉眼でも見分けられるぐらいの大きさの結晶が組み合わさって見られた。このような岩石のつくりは，その特徴から何とよばれるか。次の㋐～㋔から適するものを1つ選び，記号で答えなさい。(　　　)
㋐ 斑状組織　㋑ 分裂組織　㋒ 等粒状組織　㋓ 結合組織　㋔ 永久組織

(6) 文中の（ ③ ）の岩石をルーペで観察したスケッチは，下図のあとⓘのどちらか，記号で答えなさい。(　　　)

あ　　い

2 火山の噴火はマグマが地上に噴出する現象です。噴火のようすや噴出物である火山灰などを調べると，マグマについていろいろなことがわかります。また，火成岩を調べることでも，マグマについて知ることができます。図1は，火山岩と深成岩を顕微鏡で観察し，スケッチしたものです。図2は，火成岩をつくる鉱物の種類と割合を表したものです。各問いに答えなさい。

図1

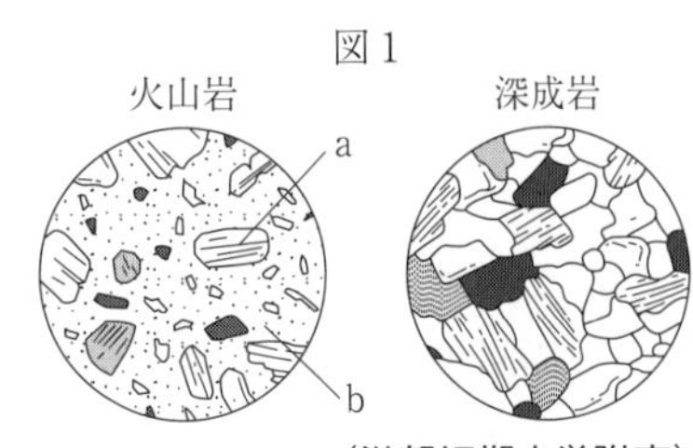

(滋賀短期大学附高)

図2

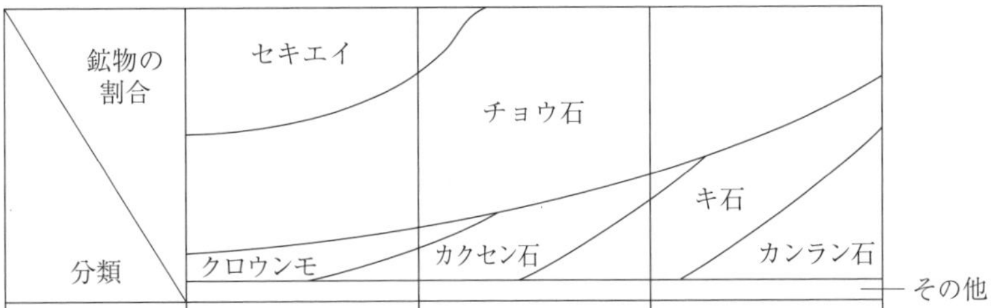

鉱物の割合
分類
セキエイ
チョウ石
キ石
クロウンモ
カクセン石
カンラン石
その他

深成岩	花こう岩	せん緑岩	斑れい岩
火山岩	流紋岩	安山岩	玄武岩

(1) 次の文章中の［A］～［C］にあてはまる語句を答えなさい。

A（　　） B（　　） C（　　）

マグマが地下深いマグマだまりなどにあるとき，マグマはゆっくり冷やされ，鉱物が成長して図1のaのような［A］ができる。この［A］を含んだマグマが上昇し，地表や地表付近で急に冷え固まると，鉱物が十分に成長できなかったり，結晶になれなかったりして，図1のbのような［B］の部分ができ，特徴的なつくりをもつ火山岩ができる。

一方，深成岩は地下深くのマグマが長い時間をかけて，ゆっくり冷え固まってできるので，結晶が十分に成長する。この［B］の部分がなく，比較的大きな鉱物が組み合わさってできた深成岩のつくりを［C］という。

(2) 火山灰中の鉱物についての説明として正しいものはどれですか。次のア～エの中から1つ選び，記号で答えなさい。（　　）

ア　火山灰中の鉱物は丸くなっているものが多い

イ　同じ火山灰でできた地層で比べると火山から離れるほど鉱物粒子は大きい

ウ　含まれている鉱物の種類はマグマの性質とは関係ない

エ　磁石に引きつけられる鉱物が含まれる

(3) 右の表は，ある火山灰に比較的多く含まれていた3種類の鉱物を観察した記録です。X，Yの鉱物名は何ですか。次のア～カの中から正しい組み合わせを1つ選び，記号で答えなさい。（　　）

X	透明でコロコロしていた
Y	黒っぽい六角形で，薄くはがれた
Z	白くて柱状だった

ア　X：セキエイ　Y：クロウンモ　　イ　X：セキエイ　Y：カンラン石

ウ　X：セキエイ　Y：キ石　　エ　X：チョウ石　Y：クロウンモ

オ　X：チョウ石　Y：カンラン石　　カ　X：チョウ石　Y：キ石

(4) (3)の表の火山灰の元になったマグマが地表に流出したとき，どのような岩石ができると考えられますか。最も適当なものを次のア～カの中から１つ選び，記号で答えなさい。(　　　)

ア　花こう岩　　イ　せん緑岩　　ウ　斑れい岩　　エ　流紋岩　　オ　安山岩　　カ　玄武岩

(5) 火山灰を観察しやすくするための処理の説明として，正しいものはどれですか。次のア～エの中から１つ選び，記号で答えなさい。(　　　)

ア　蒸発皿に火山灰と水を入れて指の腹でもみ，にごった水を捨てて，残った粒を集める

イ　蒸発皿に火山灰と水を入れてかき混ぜ，加熱して水を蒸発させてから，残った粒を集める

ウ　蒸発皿に火山灰と水を入れてかき混ぜ，ろ過したろ液の水を蒸発させ，残った粒を集める

エ　火山灰を鉄製の乳鉢にとり，鉄製の乳棒ですりつぶす

(6) 右の図は，ある火山の噴火のようすを表したものです。図のⅠの部分では赤く見えるマグマが噴出していて，Ⅱの部分では赤く見えるマグマが流れています。このマグマの説明として正しいものはどれですか。次のア～エの中から１つ選び，記号で答えなさい。(　　　)

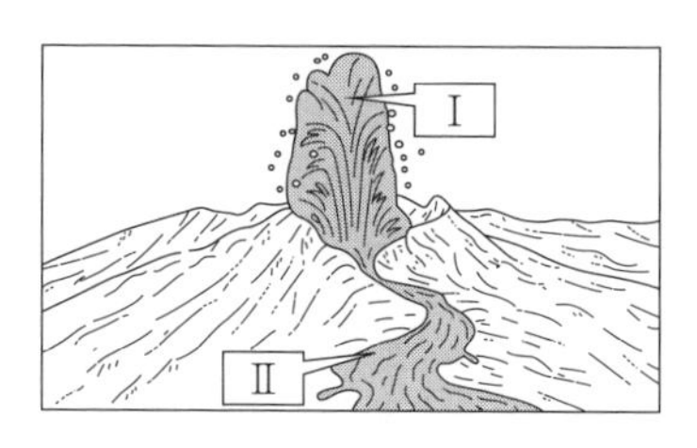

ア　ねばりけの強い玄武岩質のマグマ　　イ　ねばりけの強い流紋岩質のマグマ

ウ　ねばりけの弱い玄武岩質のマグマ　　エ　ねばりけの弱い流紋岩質のマグマ

3　図１のA～Cは，いろいろな形の火山を模式的に表したものです。これについて，以下の各問いに答えなさい。

(大阪青凌高)

図１

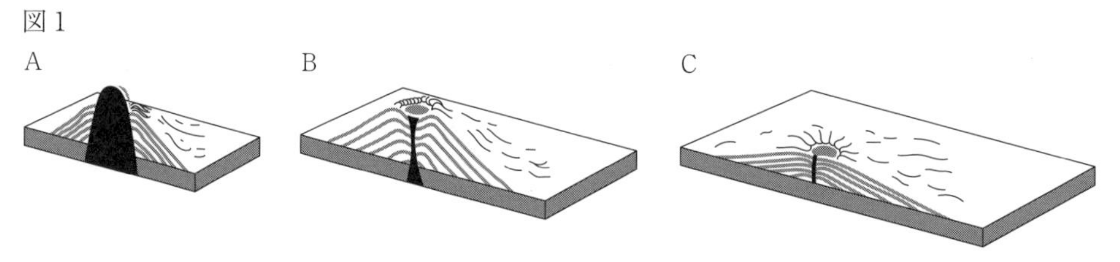

問１　図１のA～Cを，マグマのねばりけが強いものから順に並べなさい。(　　→　　→　　)

問２　図１のAの代表的な火山はどれですか。次の㋐～㋔からすべて選び，記号で答えなさい。

(　　　)

㋐　富士山　　㋑　桜島　　㋒　昭和新山　　㋓　雲仙普賢岳（うんぜんふげんだけ）　　㋔　キラウエア

問３　噴出物がもっとも黒っぽいのはどれですか。図１のA～Cから１つ選び，記号で答えなさい。

(　　　)

問４　次の㋐～㋓は，火山灰の粒を観察するために行う操作の手順を示したものです。正しい順に並べなさい。(　　→　　→　　→　　)

㋐　さじ１杯の火山灰を蒸発皿に入れる。

㋑　残った粒をペトリ皿に移し，乾燥させる。

㋒　水を加えて指の腹で押しながら洗う。これを濁らなくなるまで繰り返す。

㋓　双眼顕微鏡などで観察する。

§2．堆積岩・地層

4 次の文章を読み，以下の問いに答えなさい。 (清教学園高)

地表に出ている岩石が，太陽の熱や水のはたらきなどによって長い年月の間にくずれ，土砂に変化しことを（ ① ）という。陸地に降った雨や流水は（ ① ）した岩石を（ ② ）し，これらを下流に（ ③ ）し，流れが緩やかなところで（ ④ ）させる。その結果，山地から平野になるところに成立する地形を（ ⑤ ）といい，平野から河口になるところでは（ ⑥ ）が成立する。

地層は（ ④ ）の連続によって成立するため，一般に下に行くほど古くなっている。現在陸上で見られる地層は，水底で（ ④ ）した後，地殻変動により陸上に現れたものと考えられる。

(1) ①～⑥に当てはまる語句を，それぞれ漢字で答えなさい。

①（　　） ②（　　） ③（　　） ④（　　） ⑤（　　） ⑥（　　）

(2) 次の図は⑥を模式的に示したものである。A は河口部分，B は少し沖に出た部分を示す。なお，水は矢印⟶に従って A から B に向かって流れている。

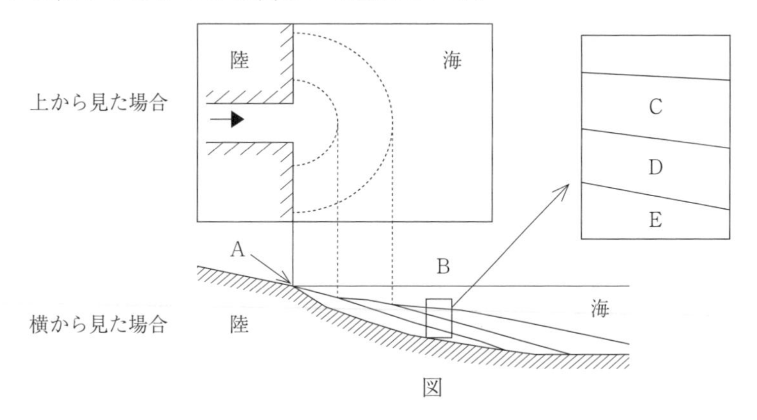

図

図において，B の部分の水底の様子を右上に拡大した。図中の C，D，E に主に見られる土砂の種類をそれぞれ答えなさい。C（　　） D（　　） E（　　）

(3) ④のはたらきによって生じる岩石のうち，生物の遺骸や水に溶けていた成分が固まってできるものがある。このうち，二酸化ケイ素を多く含む岩石を何というか，名称を答えなさい。

（　　）

(4) 地層の中には，成立した当時に生活していた生物の遺骸などが，化石として存在することがある。三葉虫など，地層の成立時期がわかるような化石を何というか，漢字で答えなさい。

（　　）

(5) (4)の化石の条件として適当なものを次のア～エからすべて選び，記号で答えなさい。（　　）

ア．広い範囲に生息していた　　イ．狭い範囲に生息していた

ウ．短い時期にだけ生息していた　　エ．長い時期にわたって生息していた

(6) ある地層からサンゴの化石が産出した。このことから，この地層ができた当時の環境に関してわかることを答えなさい。（　　）

(7) 海岸線では，波の影響と土地の隆起によって階段状の地形ができる。このような地形を何というか，漢字で答えなさい。（　　）

5　次の文を読み，以下の問に答えなさい。　（京都先端科学大附高）

図１は，ある地域の３つの地点A，B，Cにおけるボーリング調査の結果を表したものです。図２は，この３つの地点の位置関係を示した地図です。図１の目盛りは，各地点での地表からの深さを表しています。この地域では，ある方向に地層が傾いていますが，地層の上下が逆転するような大地の変動や断層などは起こっていないこととします。

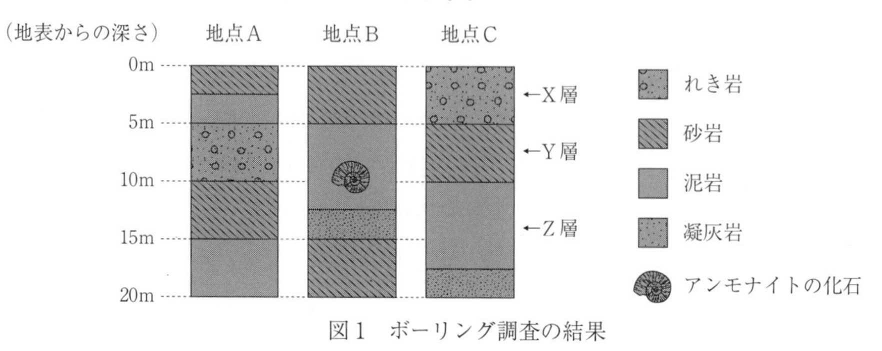

図１　ボーリング調査の結果

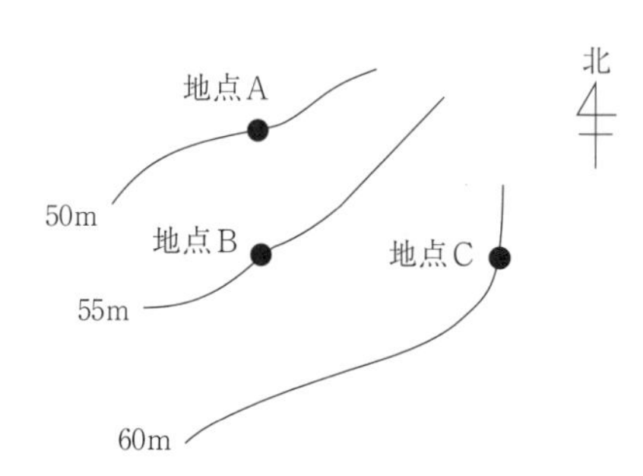

図２　３地点の位置関係を示した地図

(1)　地点Bの泥岩の層からアンモナイトの化石が発見されました。アンモナイトのように地層が堆積した時代を知る手掛かりとなる化石を何と言いますか。またこの泥岩の層が堆積した時代はいつ頃と考えられますか。答えの組み合わせとして最も適当なものを選んで，その番号を答えなさい。(　　　)

	化石の名前	堆積した時代
①	示相化石	古生代
②	示相化石	中生代
③	示準化石	古生代
④	示準化石	中生代

(2)　地点CのX層～Z層が堆積した期間に起きた海水面の変化として，最も適当なものを選んで，その番号を答えなさい。(　　　)

①　しだいに上昇した。　②　しだいに下降した。　③　上昇した後に下降した。

④　上昇も下降もしなかった。

(3)　地点Aにおいて，凝灰岩がある深さとして最も適当なものを選んで，その番号を答えなさい。

(　　　)

①　21m～23m　②　23m～25m　③　25m～27m　④　27m～29m

(4)　この地域の地層は東西南北のどの方向に向かって低くなっていると考えられますか。最も適当なものを選んで，その番号を答えなさい。(　　　)

①　東　②　西　③　南　④　北

6　ある地域の地層について調査を行いました。図1は，調査を行った地域の地形を等高線で表した図であり，数値は標高を示しています。図1中の地点Aは地点Cの真西に，地点Bは地点Aの真南に，地点Cは地点Pの真北に位置しています。調査Ⅰ・Ⅱを読み，次の問いに答えなさい。

（阪南大学高）

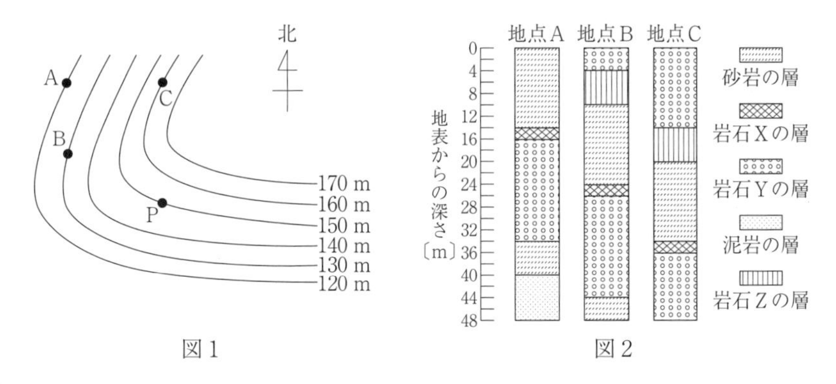

図1　　図2

【調査Ⅰ】　図2は，図1の地点A～Cについて，地表から深さ48mまでの地層のようすを柱状図で表したものです。この地域において，岩石Xの層は1つしかなく，上下の逆転や断層はありませんでした。また，各層は平行に重なっており，ある一定方向に傾いていることが分かりました。

【調査Ⅱ】　図2中の岩石X～Zを採取し，ルーペと顕微鏡を使って観察し，その特徴を次の表にまとめました。

岩石X	ガラス質を多く含む火山灰が集まってできていた。
岩石Y	直径2mm以上の丸みをおびた粒の間に，小さい粒が集まってできていた。
岩石Z	粒が細かくてよく見えなかった。うすい塩酸をかけると，二酸化炭素が発生した。

(1)　岩石X～Zの組み合わせとして最も適切なものを，右のア～エから選び，記号で答えなさい。（　　　）

	岩石X	岩石Y	岩石Z
ア	石灰岩	凝灰岩	れき岩
イ	石灰岩	れき岩	凝灰岩
ウ	凝灰岩	石灰岩	れき岩
エ	凝灰岩	れき岩	石灰岩

(2)　岩石Yの層ができたときの状況について最も適切なものを，次のア～エから選び，記号で答えなさい。（　　　）

ア　周辺地域で火山の噴火があった。

イ　流水により運ばれながら形成された。

ウ　生物の遺がいや水にとけていた成分が，固まって形成された。

エ　地下深くで，マグマがゆっくり冷え固まって形成された。

(3)　図2の地層の重なり方から，この地域は岩石Xの層が堆積するまでに，河口からの距離はどのように変化したと考えられますか。次の文の空欄（ あ ），（ い ）に当てはまる語句の組み合わせとして最も適切なものを，右のア～エから選び，記号で答えなさい。（　　　）

岩石Xの層より下の地層では，新しい層ほど粒の大きさが（ あ ）なっているので，河口からの距離が（ い ）なった。

	あ	い
ア	大きく	遠く
イ	大きく	近く
ウ	小さく	遠く
エ	小さく	近く

(4)　図2より，この地域の地層は東・西・南・北のどの方向に向かって高くなっていますか。

（　　　）

⑸　地点Pの地層として最も適切なものを，右のア～エから選び，記号で答えなさい。(　　　)

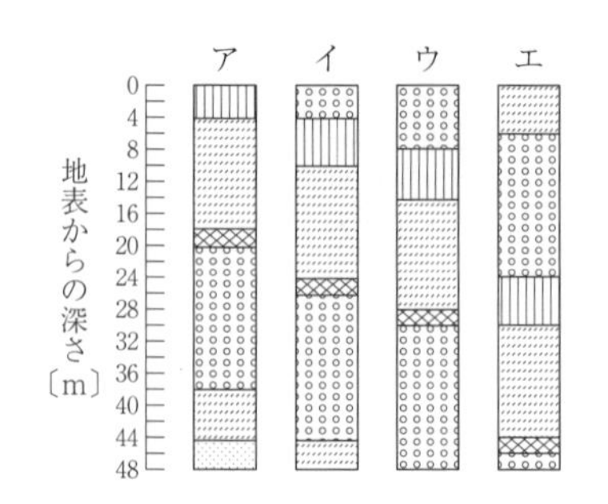

⑹　地点Pのボーリング資料に，砂の層でアサリの化石が見つかったことが書かれていました。このことから分かることとして，次の文の①に当てはまるものをア，イから選び，(②)に当てはまる最も適切な語句を答えなさい。

①(　　　)　②(　　　)

アサリの化石が見つかったことから，この層は①(ア　浅い海，イ　深い海)でできたと考えられる。この化石のように，地層ができた当時の環境を知る手がかりとなる化石を(②)という。

7　下図は，ある地域の地点A，B，C，D，Eの地質調査を行い，地点A～Dのボーリング調査における結果を柱状図で示したものである。また，地点A～Eの標高はそれぞれ80m，85m，90m，95m，75mであり，一直線上に等間隔で，地点A，地点B，地点C，地点D，地点Eの順に並んでいるものとする。次の各問いに答えなさい。ただし，この地域には断層やしゅう曲，地層の上下の逆転はなく，地層は同じ厚さで平行に広がっていることが分かっている。　(奈良大附高)

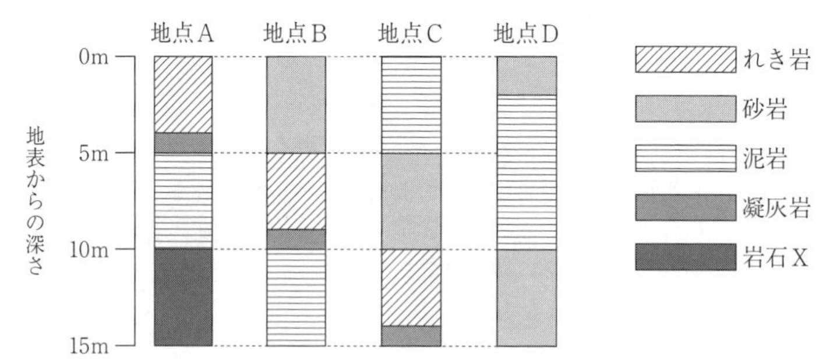

⑴　地点Eの地表からの深さ3mにはどのような層が現れているか，答えなさい。(　　　)

⑵　岩石Xの欠片にうすい塩酸をかけたところ，ある気体が発生した。この岩石Xの名称を答えなさい。(　　　)

⑶　地点Dにおいて，凝灰岩の層がある深さとして適切なものを，次のア～エより1つ選び，記号で答えなさい。(　　　)

ア．19～20m　　イ．24～25m　　ウ．29～30m　　エ．34～35m

⑷　このボーリング調査における結果より，この地域の地層の傾きはどのようになっていると考えられるか，簡潔に説明しなさい。

(　　　　　　　　　　　　　　　　　　　　　　　　　　　　　　　　　)

⑸　地点Aのとある層からフズリナの化石が発見された。フズリナのように，地層ができた時代を推定することができる化石を何というか，答えなさい。また，フズリナの化石が発見されたことから，この地層が堆積したと考えられる地質時代を答えなさい。

化石(　　　)　地質時代(　　　)

§3．地震

8 A～Dの4地点の地震計の記録をもとに，地震について調べました。図はA～Dの各地点で観測されたP波，S波の到達時刻と，震源までの距離との関係を表しています。次の問いに答えなさい。 (奈良育英高)

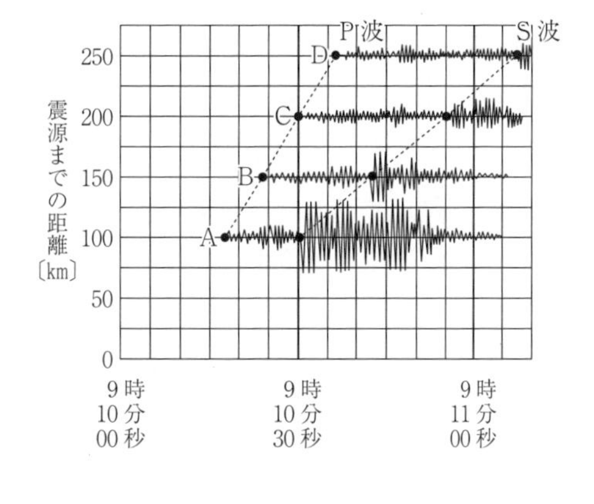

(1) この地震が起きた時刻を答えなさい。

(時 分 秒)

(2) ある地点では，小さなゆれが約25秒間続きました。この地点はA～Dのどれですか。最も適切なものをA～Dから1つ選び，記号で答えなさい。

( )

(3) P波の速さを求めなさい。(km/s)

(4) D点より震源からさらに離れたある地点では，9時11分45秒にS波が到達しました。この地点の①震源からの距離，②初期微動継続時間，をそれぞれ答えなさい。ただし，②の単位は秒で答えなさい。①(km) ②(秒)

(5) 同じ震源で，マグニチュードがさらに大きな地震が発生しました。各地点での観測結果はどのようになると考えられますか。次のア～カから適切なものをすべて選び，記号で答えなさい。

( )

ア 主要動の振幅が大きくなる。

イ 地震の到達時刻は変わらないが，初期微動継続時間が長くなる。

ウ P波の速度が速くなり，初期微動継続時間が長くなる。

エ S波の速度が速くなり，初期微動継続時間が長くなる。

オ P波，S波共に速度が速くなり，初期微動継続時間が長くなる。

カ P波，S波共に速度にほとんど変化はなく，初期微動継続時間もほとんど変わらない。

(6) 地震について次の文章を読み，( ) にあてはまる語句や数字（整数）を答えなさい。ただし，(④)(⑤) はプレートの名称を答えなさい。

①( ) ②( ) ③( ) ④( ) ⑤( )

日本は地震の多い国である。地震のゆれの大きさは震度で表され，(①) 階級に分けられている。地震の規模はマグニチュードで表され，マグニチュードが1増えると，地震のエネルギーは約 (②) 倍になる。地震は地下の岩石に巨大な力がはたらき，大地に (③) とよばれるずれができる。地震を起こす巨大な力は，地球の表面の海洋プレートが大陸プレートの下に沈みこむことが関係している。日本は4つのプレートの境界に位置し，マグニチュードが大きい地震が起こることがある。日本付近の4つのプレートのうち，大陸プレートは (④) プレートと (⑤) プレートである。今後，大きな地震が起こる可能性が高いと言われている南海トラフ地震は，フィリピン海プレートが (④) プレートの下に沈み込み，(④) プレートが限界に達して跳ね上がることで起きると考えられている。

9　日本は，世界でも有数の地震大国です。次の文章は，○○年△△月××日に発生した地震について，地点A～Cでのようすを説明したものです。これについて，あとの(1)～(4)の各問いに答えなさい。ただし，ここで記載してある時刻はすべて正確であり，地形や地質の違いによる地震のゆれの変化はないものとします。　(仁川学院高)

【地点A】

テレビを見ていると，[a] カタカタと音を立ててテレビの上に置いてある時計が小さくゆれ始めた。そのときの時刻は午後8時54分20秒であった。火を消そうとあわてて台所へ移動した。そのゆれがちょうど10秒間続いた後に，[b] 下から突き上げられるような大きなゆれが始まり，何かにっかまっていないと立っていられない状態になった。危険をさけるために机の下にもぐり込んだ。ようやくゆれがおさまったときの時刻は，午後8時54分55秒であった。

【地点B】

はっと目が覚めると室内がゆれていた。周囲にあった物はカタカタと音を立ててゆれていた。大きなゆれが来るのではないかと恐怖を感じていたが，体で感じるほどの変化はなく，ゆれはおさまった。次の日の朝刊で地震の記事を読むと，地震の震源は自宅（地点B）から300km離れた地下の浅い所で，地震の規模を表すマグニチュードは6.8，もっとも被害の大きかった地点Aの震度は6弱，さらに震源から地点Aまでの距離は60kmであった。

【地点C】

外に立っていると小さなゆれを感じた。しばらくするとゆれが大きくなり，外灯が左右にゆれ始めた。手元の時計を見ると，このときの時刻は午後8時54分40秒であった。落下物をさけるために急いで目の前にあった広場へかけ込んだ。ゆれがおさまったとき，手元の時計は午後8時55分13秒であった。自宅へ戻りテレビをつけると地震速報が流れており，地震が発生した時刻は午後8時54分10秒と判明した。

(1)　震源の真上にある地上の点のことを何といいますか。**漢字**で答えなさい。(　　　)

(2)　下線部［a］と［b］について，あとの①と②の各問いに答えなさい。

①　このような小さなゆれと大きなゆれについて，それぞれのゆれの名称と，それぞれを引き起こす波の名称の組み合わせとして，正しいものを下の表中の1～4より選び，番号で答えなさい。

(　　　)

	小さなゆれ		大きなゆれ	
	ゆれの名称	引き起こす波の名称	ゆれの名称	引き起こす波の名称
1	初期微動	P波	主要動	S波
2	初期微動	S波	主要動	P波
3	主要動	P波	初期微動	S波
4	主要動	S波	初期微動	P波

②　この地震で小さなゆれと大きなゆれを引き起こした波の伝わる速さは，それぞれ何km/秒ですか。小さなゆれ(　　　km/秒)　大きなゆれ(　　　km/秒)

(3)　地点Bにおける初期微動継続時間は何秒ですか。(　　　秒)

(4)　震源から地点Cまでの距離は何kmですか。(　　　km)

10 日本を取り巻くプレートや地震の発生に関する下の問いに答えなさい。 (大阪薫英女高)

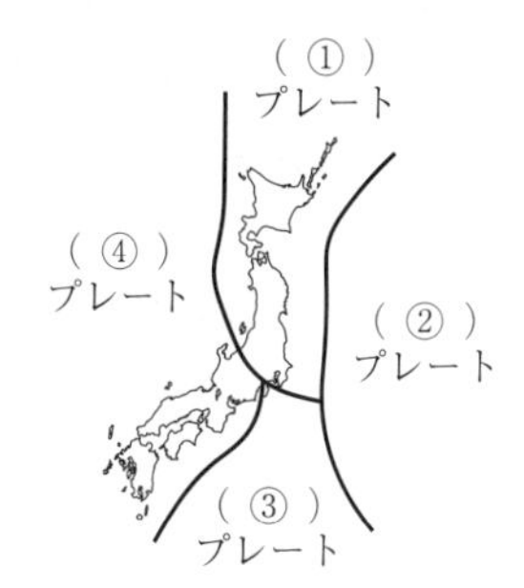

日本は右図のように，4つのプレートの上に位置しています。(A)<u>このプレートの動きによって大地をつくっている岩石に力が加わり</u>，(B)<u>その力にたえきれなくなった岩石が破壊され大地がずれると地震</u>が発生します。

問1．右図の（①）～（④）に当てはまるプレートの名称をそれぞれ答えなさい。①(　　　)　②(　　　)　③(　　　)　④(　　　)

問2．下線部(A)について，図の4つのプレートのうち，（②）プレートと（③）プレートの動きとして正しいものを下のア～エの中から1つ選び，記号で答えなさい。(　　)

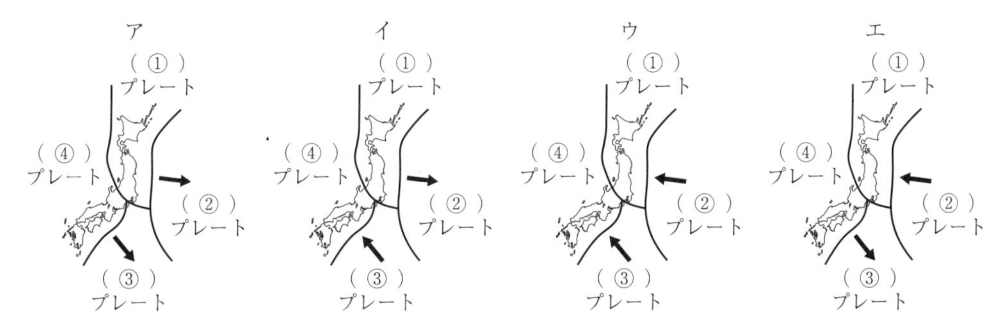

問3．下線部(A)について，（①）プレートと（②）プレートの断面のようすを模式的に示したものとして正しいものを，下のア～エの中から1つ選び，記号で答えなさい。(　　)

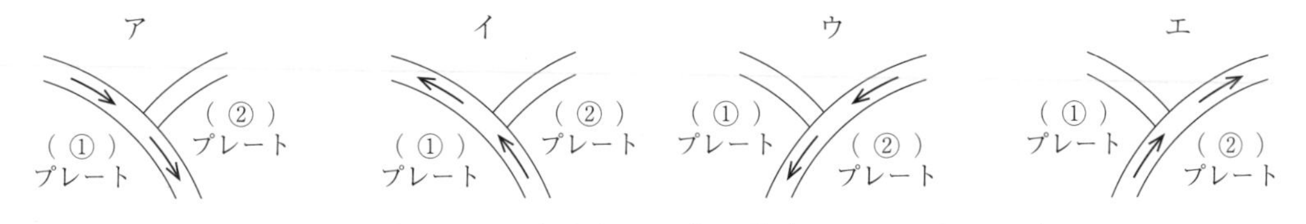

問4．下線部(B)について，「大地のずれ」を何というか答えなさい。(　　　)

問5．次の表は，ある地震の観測結果です。この地震の発生時刻を答えなさい。(　　　)

	震源距離	微小なゆれの観測時刻	大きなゆれの観測時刻
a地点	15km	12時32分28秒	12時32分30秒
b地点	60km	12時32分37秒	12時32分45秒

問6．緊急地震速報は，地震が起こると震源に近い地点の地震計の微小なゆれを解析して，後からくる大きなゆれの到達時刻をいち早く各地に知らせるものです。問5の地震において，震源距離が30kmの地点に微小なゆれが到達してから7秒後に，各地に緊急地震速報が伝わったとすると，震源距離が150kmの地点では，緊急地震速報が伝わってから，何秒後に大きなゆれが始まるか答えなさい。(　　　秒後)

3　動物のつくりと種類

§1．消化と吸収

1　次の表の物質A～Cは，炭水化物，タンパク質，脂肪のいずれかである。また，消化液a～dはヒトの，だ液，胃液，胆汁，すい液のいずれかであり，消化管内ではたらく順には並んでいない。表は，口から取り込まれた食物が消化管内で分解されるかされないかを示したものである。消化と吸収について，下の問いに答えよ。ただし，物質Aが分解されたときにあらわれる物質は，体をつくる材料である。　(奈良学園高)

	消化液a	消化液b	消化液c	消化液d
物質A	○	○	×	×
物質B	○	×	○	×
物質C	○	×	×	×

○は物質が分解されたことを，×は分解されなかったことを示す。

(1)　物質A～Cの組合せとして正しいものはどれか。右のア～カから1つ選び，その記号を書け。(　　　)

	物質A	物質B	物質C
ア	炭水化物	タンパク質	脂肪
イ	炭水化物	脂肪	タンパク質
ウ	タンパク質	炭水化物	脂肪
エ	タンパク質	脂肪	炭水化物
オ	脂肪	炭水化物	タンパク質
カ	脂肪	タンパク質	炭水化物

(2)　表の消化液a～dとして正しいものは何か。次のア～エからそれぞれ1つずつ選び，その記号を書け。

a(　　　)　b(　　　)　c(　　　)　d(　　　)

ア　だ液　　イ　胃液　　ウ　胆汁　　エ　すい液

(3)　消化液dは，物質A～Cのどの物質も分解しないが，いずれか1つの物質の消化に関わっている。

①　消化液dが消化に関わる物質として正しいものはどれか。A～Cから1つ選び，その記号を書け。(　　　)

②　消化液dは，①の物質をどのようにすることで分解を助けているか，簡潔に説明せよ。
(　　　　　　　　　　　　　　　　　　　　　　　　　　　　　　　　　　　　)

(4)　消化が行われた後，小腸の内部のリンパ管に吸収される物質について述べた次の文の(①)，(②)にあてはまる語句の組合せとして正しいものはどれか。右のア～カから1つ選び，その記号を書け。(　　　)

(①)と(②)は小腸の柔毛の表面から吸収された後，再び脂肪となって，リンパ管に入る。

	①	②
ア	アミノ酸	ブドウ糖
イ	アミノ酸	脂肪酸
ウ	アミノ酸	モノグリセリド
エ	ブドウ糖	脂肪酸
オ	ブドウ糖	モノグリセリド
カ	脂肪酸	モノグリセリド

2 下の図1はヒトの器官の様子を示したものです。また図2，図3はだ液のはたらきを調べるために，以下の実験を行ったときの様子を示したものです。これについて，後の各問いに答えなさい。

（星翔高）

〔実験〕 試験管A～Fにうすいでんぷん溶液を入れて，図2のようにAとBは0℃に，CとDは37℃に，EとFは85℃に保ちました。A，C，Eにはだ液を，B，D，Fには水をそれぞれでんぷん溶液と同じ温度にして少量ずつ加えて，一定時間放置しました。また図3のように，水を入れたペトリ皿にセロハンをかぶせてC，Dの液の一部をそれぞれのセロハンの上に注ぎました。一定時間たった後に，セロハンの下の水を2本の試験管にとり，それぞれ試験管G，Hとしました。試験管A～H内の液について，ヨウ素液による反応とベネジクト液による反応を調べ，その結果を下の表に示しました。

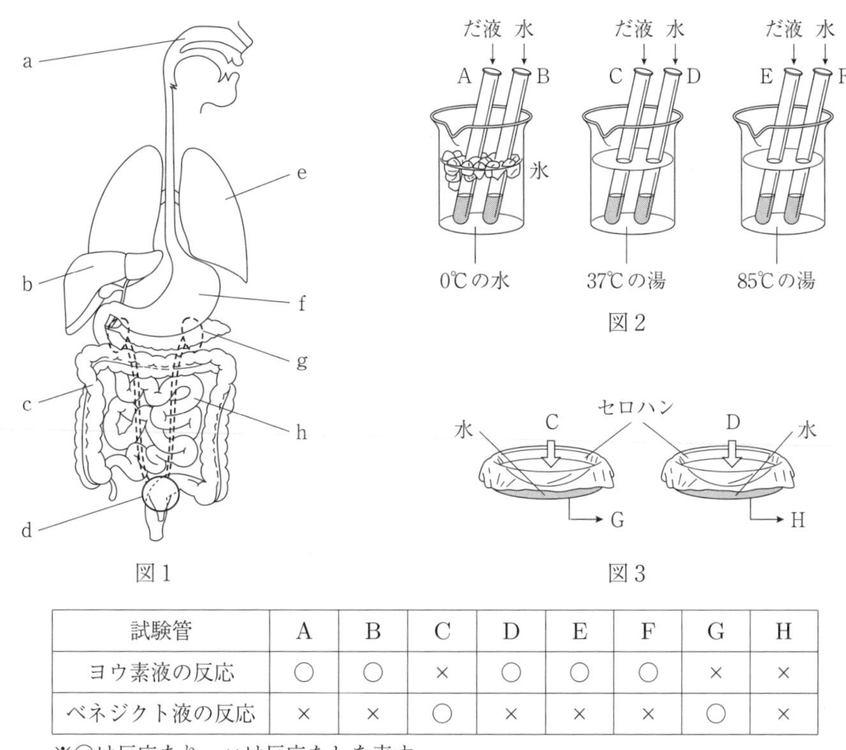

図1　図2　図3

試験管	A	B	C	D	E	F	G	H
ヨウ素液の反応	○	○	×	○	○	○	×	×
ベネジクト液の反応	×	×	○	×	×	×	○	×

※○は反応あり　×は反応なしを表す

表

(1) 図1において，次の①～③の役割をする器官をa～hから1つずつ選び，それぞれ記号で答えなさい。

① 体の中でできた有害なアンモニアを害の少ない尿素に変える。(　　　)

② タンパク質をはじめに消化する。(　　　)

③ つくった尿を一時たくわえておく。(　　　)

(2) ヨウ素液とベネジクト液はそれぞれ何を検出するための薬品であるか，次の組み合わせから正しいものを1つ選び，記号で答えなさい。(　　　)

	ア	イ	ウ	エ
ヨウ素液	糖	でんぷん	でんぷん	糖
ベネジクト液	でんぷん	糖	でんぷん	糖

(3)　だ液の実験からわかることとして，正しいものを次から2つ選び，記号で答えなさい。(　　　)

ア　だ液は0℃付近で，でんぷんを糖に変化させる。

イ　だ液は37℃付近で，でんぷんを糖に変化させる。

ウ　だ液は85℃付近で，でんぷんを糖に変化させる。

エ　糖の粒はセロハンの穴を通り抜けることができる。

(4)　図3のセロハンはヒトのどの器官のかべと同じ役割を果たしているか，図1のa～hから1つ選び，記号で答えなさい。(　　　)

3　次の文を読み，下の問いに答えなさい。　(明星高)

ヒトの体の約60％は水で，残りの多くは有機物でできている。有機物は燃やすと（ ① ）が発生する。ⓐヒトの体内に含まれている有機物はタンパク質が一番目に多く，脂質（脂肪など）が二番目に多い。これらの有機物を，ヒトは食物として取り込み，消化・吸収している。体内に吸収したⓑ有機物を細胞内で分解することで生きるためのエネルギーをとり出している。

問1　（ ① ）に入る気体を次の(ア)～(エ)から1つ選び，記号で答えなさい。(　　　)

(ア)　酸素　　(イ)　水素　　(ウ)　窒素　　(エ)　二酸化炭素

問2　下線部ⓐについて，タンパク質が一番多い理由として最も適当なものを，次の(ア)～(エ)から1つ選び，記号で答えなさい。(　　　)

(ア)　タンパク質は，骨をつくるおもな材料であるから。

(イ)　タンパク質は，筋肉をつくるおもな材料であるから。

(ウ)　タンパク質は，血液をつくるおもな材料であるから。

(エ)　タンパク質は，おもなエネルギー源であるから。

問3　タンパク質と脂質以外の有機物を次の(ア)～(エ)から1つ選び，記号で答えなさい。(　　　)

(ア)　塩化ナトリウム　　(イ)　炭水化物　　(ウ)　炭酸水素ナトリウム　　(エ)　酸化鉄

問4　タンパク質が消化されてできる物質を次の(ア)～(エ)から1つ選び，記号で答えなさい。(　　　)

(ア)　アミノ酸　　(イ)　脂肪酸　　(ウ)　ブドウ糖　　(エ)　麦芽糖

問5　脂肪を分解する消化酵素は何ですか。次の(ア)～(エ)から1つ選び，記号で答えなさい。(　　　)

(ア)　アミラーゼ　　(イ)　トリプシン　　(ウ)　ペプシン　　(エ)　リパーゼ

問6　下線部ⓑについて，細胞がエネルギーをとり出すときに利用する気体は何ですか。次の(ア)～(エ)から最も適当なものを1つ選び，記号で答えなさい。(　　　)

(ア)　酸素　　(イ)　水素　　(ウ)　窒素　　(エ)　二酸化炭素

4 ジャガイモに含まれる成分を確かめるために，次の実験を行った。（大阪商大高）

室温25℃の実験室において，ジャガイモをすりつぶし，それぞれ$1\,cm^3$ずつ試験管A，B，C，Dに分けた。次に，試験管A，Bにはだ液1mLと水4mLを，試験管C，Dには水を5mL加えた。試験管内の酵素のはたらきを大きくするため，図1のように，ある温度の水に10分間入れた。その後，以下の実験1，2を行った。

図1

〔実験1〕 試験管AとCそれぞれに，ヨウ素液を数滴加え，その変化を観察した。

〔実験2〕 試験管BとDそれぞれに，ベネジクト液と沸騰石を少量加え，ガスバーナーで加熱し，その変化を観察した。

表1は〔実験1〕〔実験2〕の結果をまとめたものである。

表1：実験結果のまとめ

試験管	試薬	結果
A	ヨウ素液	変化なし。
B	ベネジクト液	赤かっ色の沈殿ができた。
C	ヨウ素液	青紫色に変化した。
D	ベネジクト液	変化なし。

(1) 下線部のビーカーの水の温度は何℃にしておくことが適当か。次のア～エから1つ選び記号で答えよ。（　　）

ア．5℃　　イ．25℃　　ウ．40℃　　エ．60℃

(2) 実験結果より，次の文章ア～カから正しいものを**2つ**選び記号で答えよ。（　　）（　　）

ア．試験管Aにはデンプンが含まれている。

イ．試験管Bには麦芽糖が含まれていない。

ウ．試験管Cにはデンプンが含まれている。

エ．試験管Dには麦芽糖が含まれている。

オ．ジャガイモにはデンプンが含まれている。

カ．ジャガイモに水を加えると麦芽糖が分解される。

(3) だ液のはたらきのように，食物を分解し，吸収されやすい状態にする一連の流れを消化という。消化について**間違っているもの**をア～エから1つ選び記号で答えよ。（　　）

ア．食物は歯や消化管の運動により細かくされる。

イ．消化酵素の一種であるペプシンはタンパク質や脂肪を分解するはたらきをもつ。

ウ．脂肪は脂肪酸とモノグリセリドに分解される。

エ．肝臓でつくられる胆汁は脂肪の分解を助けるはたらきをもつ。

(4) 消化された食物は小腸で吸収される。小腸に関する次の文章について，空欄（①）～（③）を埋めよ。①（　　）②（　　）③（　　）

図2のように，小腸の内側の壁には（①）という小さな突起が多数ある。（①）の内部には（②）と（③）の2つの管が分布している。ただし，ブドウ糖とアミノ酸は（②）に吸収される。この2つの管によって，吸収された栄養分は全身の細胞に運ばれる。

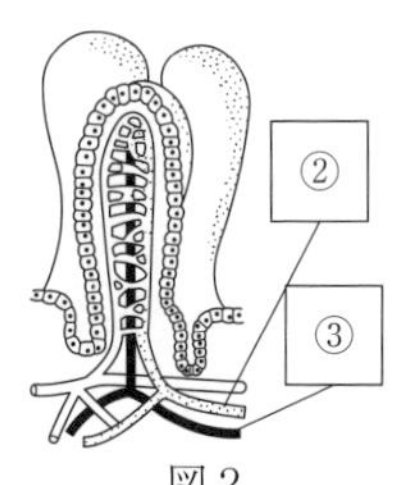

図2

§2．血液循環・排出・呼吸

5　人体のしくみとはたらきについて，あとの問いに答えなさい。　(帝塚山高)

〔Ⅰ〕 心臓は，周期的に収縮や拡張をして，体内のすみずみまで血液を循環(じゅんかん)させるポンプのような器官です。心臓から送り出された血液は器官や組織へ運ばれます。組織には毛細血管がはりめぐらされ，血液と組織の細胞の間で，物質のやりとりが盛んに行われ，たとえば，肺では，肺胞を毛細血管がとりまき，酸素や二酸化炭素のやりとりを行っています。血液の固形成分のひとつである赤血球にはヘモグロビンが含まれています。ヘモグロビンは，肺胞で酸素と結びつき，血液によって別の組織へ運ばれ，そこで酸素をはなすという性質があります。この性質を生かして体中の組織の細胞に酸素を渡しています。肺（ ア ）から，心臓にもどった（ イ ）血は，大（ ウ ）から出て，全身を流れます。大（ エ ）から心臓にもどってきた（ オ ）血は，肺（ カ ）から肺に入ります。

問1　空欄ア～カには，「動脈」か「静脈」のいずれかが入ります。空欄に「動脈」が入るものを，ア～カからすべて選びなさい。(　　　)

問2　ヒトと同じ2心房2心室の心臓をもつ動物を選びなさい。(　　　)

ア　カエル　　イ　トカゲ　　ウ　ハト　　エ　フナ

問3　2心房2心室の心臓はどのように動きますか。最も適当なものを選びなさい。(　　　)

ア　右心房，右心室，左心室，左心房の順に収縮する。

イ　左心房，左心室，右心房，右心室の順に収縮する。

ウ　右心房と左心房が同時に収縮した後，右心室と左心室が同時に収縮する。

エ　右心房と右心室が同時に収縮した後，左心房と左心室が同時に収縮する。

オ　右心房と左心室が同時に収縮した後，左心房と右心室が同時に収縮する。

問4　右心室での血液の流れについて，最も適当なものを選びなさい。(　　　)

ア　大動脈とつながり，血液が流れ出る。　　イ　大静脈とつながり，血液が流れこむ。

ウ　肺動脈とつながり，血液が流れ出る。　　エ　肺静脈とつながり，血液が流れこむ。

問5　血液から細胞にわたされる栄養分は，次の血液成分のいずれによって運ばれますか。最も適当なものを選びなさい。(　　　)

ア　リンパ球　　イ　白血球　　ウ　血小板　　エ　血しょう

問6　下線部のヘモグロビンについて，次の問いに答えなさい。

(1)　ヘモグロビンはどのような性質をもっていると考えられますか。最も適当なものを選びなさい。(　　　)

ア　ヘモグロビンは，酸素が多く二酸化炭素が少ないところでは酸素と結びつきやすく，酸素が少なく二酸化炭素が多いところでは酸素を離しやすい。

イ　ヘモグロビンは，酸素が少なく二酸化炭素が多いところでは酸素と結びつきやすく，酸素が多く二酸化炭素が少ないところでは酸素を離しやすい。

ウ　ヘモグロビンは，酸素や二酸化炭素が少ないところでは酸素と結びつきやすく，酸素や二酸化炭素が多いところでは酸素を離しやすい。

エ　ヘモグロビンは，酸素や二酸化炭素が多いところでは酸素と結びつきやすく，酸素や二酸化炭素が少ないところでは酸素を離しやすい。

(2)　100mLの血液中のヘモグロビンが組織の細胞に9.9mLの酸素を渡したとき，すべてのヘモグロビンのうち43％はまだ酸素と結びついたままでした。組織の細胞に酸素を渡す前に，肺胞で酸素と結びついていたヘモグロビンは，すべてのヘモグロビンのうち何％ですか。なお，血液100mL中のすべてのヘモグロビンが酸素と結びついたとすると，18mLの酸素と結びつくことができるものとします。（　　　％）

問7　腹側から見た血液循環の経路の図として最も適当なものを選びなさい。（　　　）

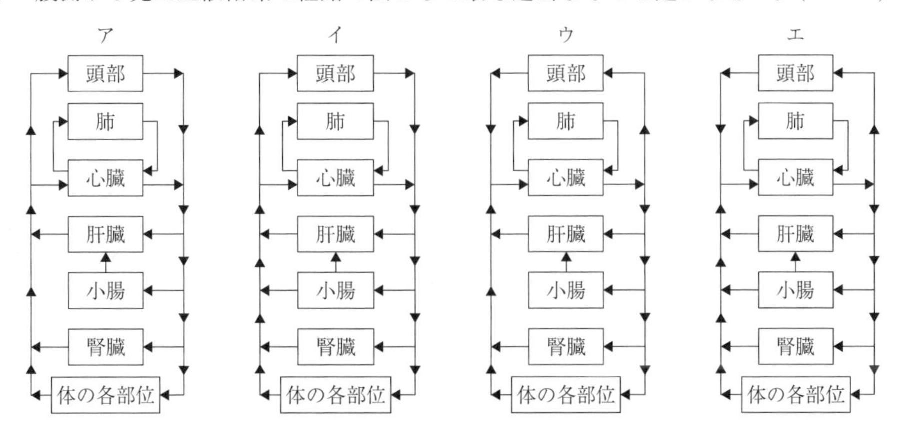

〔Ⅱ〕　新しい空気を肺にとりこんだり，肺から空気を送り出したりするはたらきを呼吸運動といいます。肺は，ろっ骨とろっ骨の間の筋肉と，横隔膜（おうかくまく）に囲まれた胸（きょう）こうという空間の中にあります。肺には筋肉がないので，自らふくらんだり，縮んだりすることはできません。そのため，横隔膜が（　あ　）とともに，ろっ骨の間の筋肉によってろっ骨が引き（　い　）られて，胸こうの体積が（　う　）なると，胸の中に空気が吸い込まれます。

問8　上の文の空欄に入る語の組み合わせとして最も適当なものを，ア～クから選びなさい。（　　　）

	あ	い	う
ア	上がる	上げ	大きく
イ	上がる	上げ	小さく
ウ	上がる	下げ	大きく
エ	上がる	下げ	小さく
オ	下がる	上げ	大きく
カ	下がる	上げ	小さく
キ	下がる	下げ	大きく
ク	下がる	下げ	小さく

問9　右の表は，吸う息とはく息にふくまれる気体の体積の割合〔％〕を示したものです。酸素はどれですか。最も適当なものを，ア～エから選びなさい。（　　　）

	吸う息	はく息
ア	78.42	74.34
イ	20.79	15.26
ウ	0.75	6.19
エ	0.04	4.12

6　ヒトの血液の循環について，あとの各問いに答えなさい。　(清明学院高)

問1　図1のア～キについて，肺循環の経路を次の①～⑧より1つ番号で選び答えなさい。
( )

① ア→ウ→オ→カ→キ→エ→オ→イ→ア
② ア→イ→オ→エ→キ→カ→オ→ウ→ア
③ オ→イ→ア→ウ→オ→カ→キ→エ→オ
④ オ→エ→キ→カ→オ→ウ→ア→イ→オ
⑤ オ→イ→ア→ウ→オ
⑥ オ→ウ→ア→イ→オ
⑦ オ→カ→キ→エ→オ
⑧ オ→エ→キ→カ→オ

図1

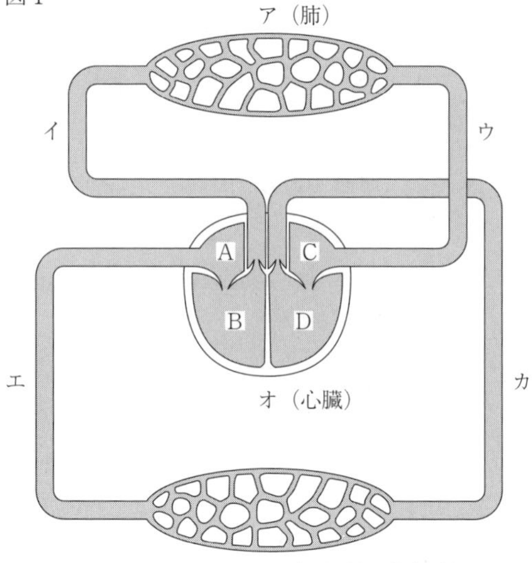

問2　図1のア～キについて，体循環の経路を問1の①～⑧より1つ番号で選び答えなさい。
( )

問3　図1のAとDの名称を，それぞれ漢字で答えなさい。
A( )　D( )

問4　図1の血管イ，ウ，エ，カのうち，静脈に分類されるものすべてを記号で選び答えなさい。
( )

問5　動脈の特徴を，次の①～④より1つ番号で選び答えなさい。( )

① 血管のかべが厚く，弁がある。　② 血管のかべがうすく，弁がある。
③ 血管のかべが厚く，弁がない。　④ 血管のかべがうすく，弁がない。

問6　図1の血管イ，ウ，エ，カのうち，動脈血が流れているものすべてを記号で選び答えなさい。
( )

問7　図1のキでみられる血管を何というか漢字で答えなさい。( )

問8　血液の成分である図2のアとイの名称を，それぞれ漢字で答えなさい。
ア( )　イ( )

図2

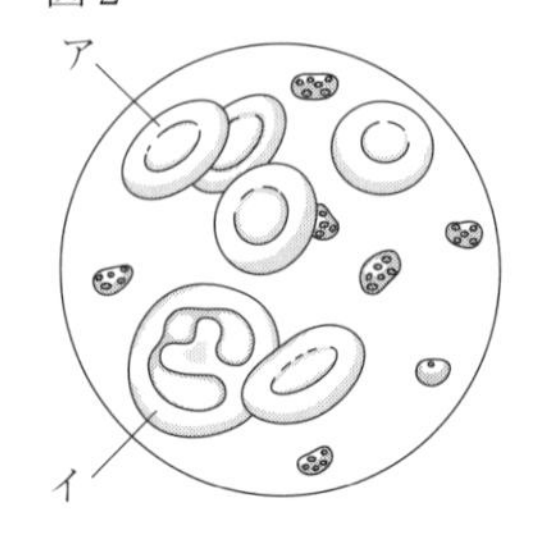

問9　図2のアとイのはたらきとして最も適するものを，次の①～⑥よりそれぞれ1つ番号で選び答えなさい。
ア( )　イ( )

① 出血した血液を固めるはたらき。
② 細菌などの異物を分解するはたらき。
③ 養分を吸収するはたらき。
④ 血液を全身に送り出すはたらき。
⑤ 酸素を運ぶはたらき。
⑥ 食物の消化を助けるはたらき。

7 Ⅰ. ヒトの心臓や血液に関して次の問いに答えなさい。 (奈良育英高)

(1) 図1は血液循環を示した模式図であり，A～Dは腎臓，肝臓，肺，小腸のいずれかの器官を，a～eは血管を，矢印は血液の流れをそれぞれ示しています。また，器官Bは有害なアンモニアを尿素に変えるはたらきをします。

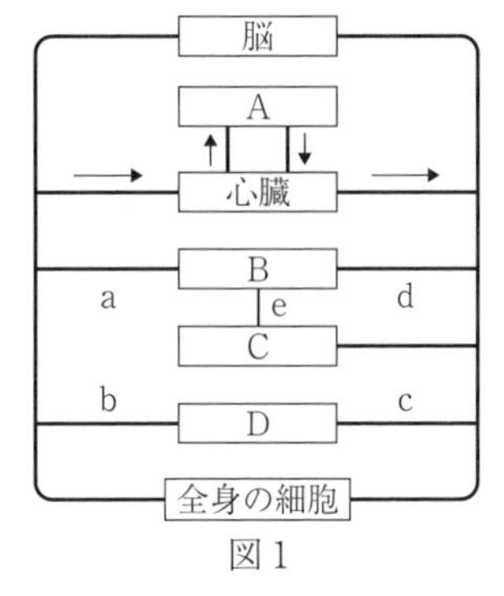

図1

① 器官A，Bはそれぞれ何ですか。最も適切なものを次のア～エから1つずつ選び，記号で答えなさい。

A (　　　) B (　　　)

ア 腎臓 イ 肝臓 ウ 肺 エ 小腸

② 血液に含まれる尿素の割合が最も小さいのはどの血管ですか。最も適切なものを図のa～eから1つ選び，記号で答えなさい。(　　　)

③ 食後しばらくして，ブドウ糖が最も多く含まれる血液が流れる血管はどれですか。最も適切なものを図のa～eから1つ選び，記号で答えなさい。また，その血管の名称を答えなさい。記号(　　　) 名称(　　　)

(2) 図2は，からだの正面から見た心臓のつくりを模式的に表したものです。

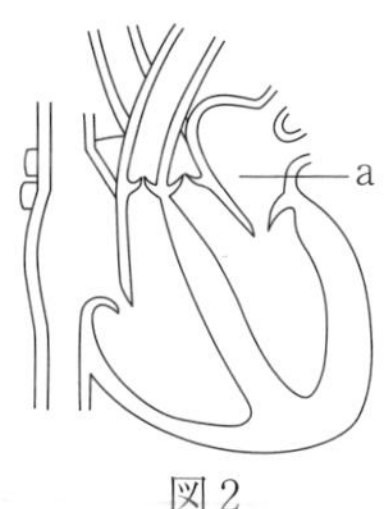

図2

① 図のaの部屋の名称を答えなさい。(　　　)

② 図のaの部屋を流れる血液を，最も適切なものを次のア～ウから1つ選び，記号で答えなさい。(　　　)

ア 動脈血 イ 静脈血 ウ 動脈血と静脈血

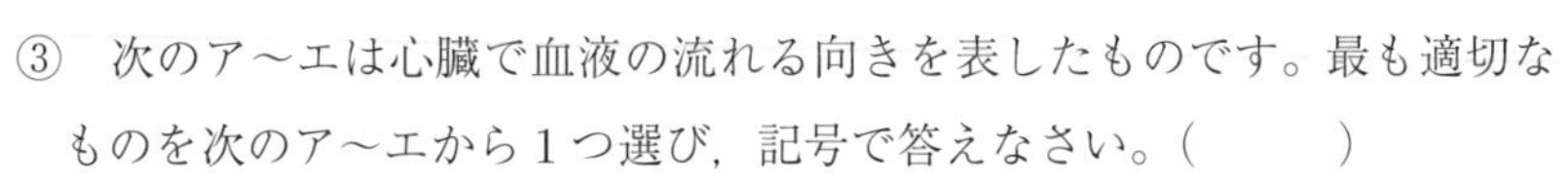

③ 次のア～エは心臓で血液の流れる向きを表したものです。最も適切なものを次のア～エから1つ選び，記号で答えなさい。(　　　)

ア
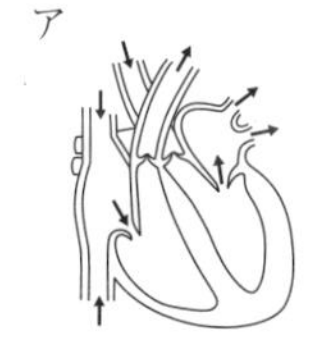
イ
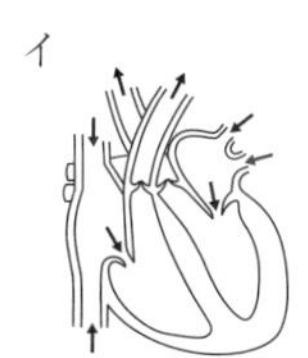
ウ
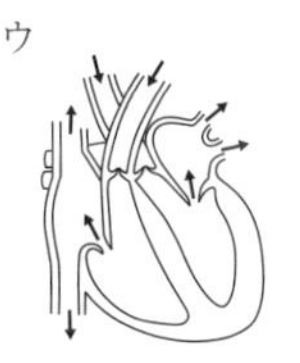
エ
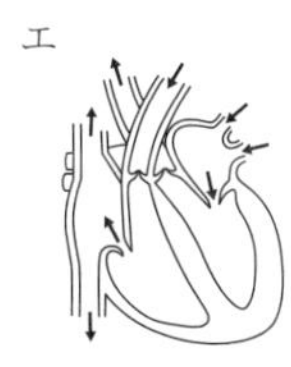

Ⅱ.「細胞の呼吸」で用いられる酸素は，呼吸器で血液中に取り入れられ，血液中の細胞(A)に含まれる物質(B)によってからだのすみずみまで運ばれます。次の問いに答えなさい。

(3) 文章中の(A)，(B)の名称をそれぞれ答えなさい。

(A)(　　　) (B)(　　　)

(4) (B)は効率よく酸素の運搬を行うために，酸素量の多いところではより多くの酸素と結合し，酸素量の少ないところではより多くの酸素を離す性質があります。その性質を最もよく表すグラフはどれですか。最も適切なものを図3のア～ウから1つ選び，記号で答えなさい。ただし，横軸の数値において，2は全身の組織での酸素量，10は肺での酸素量を示しています。(　　　)

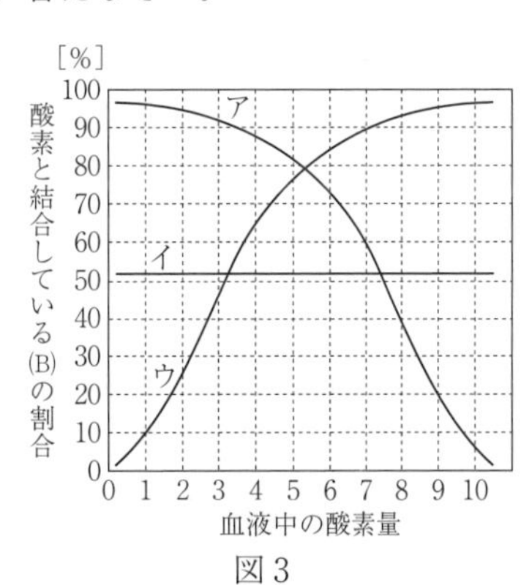

図3

(5)　次の文章の（　　）に当てはまる最も適切なものを下のア～クからそれぞれ１つずつ選び，記号で答えなさい。

①(　　　)　②(　　　)

(B)の 100 %が肺で酸素と結合すると，血液１Ｌあたり 0.2L の酸素と結びつくことができる。１日に 7000L の血液が心臓から送り出されるとすると，(4)で答えたグラフより，肺から血液によって送り出される酸素は（ ① ）Ｌと考えられる。この酸素が全身の組織に運ばれたとき，(4)で答えたグラフより，（ ② ）Ｌの酸素が渡される（離される）と考えられる。

ア　350　　イ　420　　ウ　532　　エ　728　　オ　994　　カ　1232　　キ　1344
ク　1400

8　ヒトの肺について，次の問いに答えなさい。ただし，図１はヒトの肺のつくり，図２は肺の一部，図３は肺胞と毛細血管を模式的に表したものである。　　（東山高）

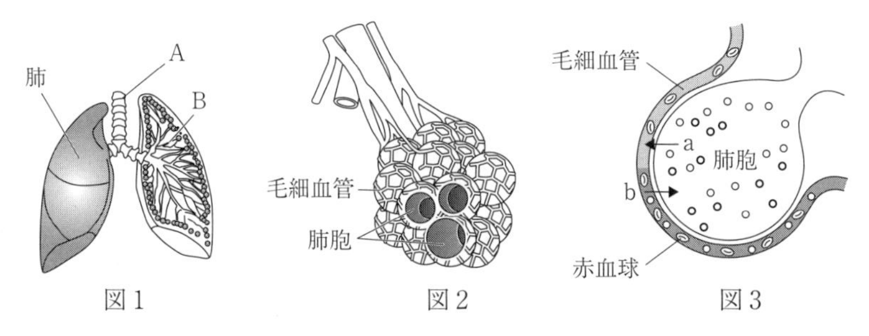

図１　　図２　　図３

１．図１のＡとＢの名称の正しい組合せとして，最も適切なものを右の中から１つ選び，記号で答えよ。(　　　)

	A	B
ア	気管支	大静脈
イ	気管支	気管
ウ	気管	気管支
エ	気管	大静脈

２．肺胞がたくさんあることの利点として，最も適切なものを次の中から１つ選び，記号で答えよ。(　　　)

ア．空気中からある特定の物質のみを分離することができる。
イ．一度に大量の空気を取り入れることができる。
ウ．毛細血管内の血流を良くすることができる。
エ．表面積を大きくすることで，ガス交換の効率を上げることができる。

３．図３の矢印 a，b は毛細血管中の血液と肺胞の物質の交換を示す。矢印 a，b で交換される物質をそれぞれ化学式で答えよ。

a (　　　)　b (　　　)

４．赤血球に含まれ，酸素を運搬する物質の名称を**カタカナ６字**で答えよ。□□□□□□

５．４の性質として，最も適切なものを次の中から１つ選び，記号で答えよ。(　　　)

ア．酸素の多いところでは酸素と結びつき，少ないところでも酸素と結びつく。
イ．酸素の多いところでは酸素を放出し，少ないところでも酸素を放出する。
ウ．酸素の多いところでは酸素と結びつき，少ないところでは酸素を放出する。
エ．酸素の多いところでは酸素を放出し，少ないところでは酸素と結びつく。

9 次の文章を読んで，下の各問いに答えなさい。 (帝塚山学院泉ヶ丘高)

わたしたちのからだの中では，血液とリンパ液（リンパ）が循環して各種物質の運搬や血液成分の一部が組織にしみ出て組織の細胞の環境を整えたり，物質の出し入れのなかだちをしたり，からだに起こる危険から身を守るはたらきなどをおこなっている。また，血液には人体に不要な物質を体外に運ぶ役目もある。血液は血しょう，赤血球，白血球，血小板の成分からなり，リンパ液にはリンパ球が含まれていて，先に述べたようなはたらきを分担し，協調しておこなっている。

(1) 血液中の血しょうの一部は，血管からしみ出て細胞のまわりを満たす。この液を何といいますか。名称を漢字で答えなさい。(　　　)

(2) 下線部＿＿に関して，次のア～エのうちで，小腸で吸収されるが血管には入らずに運ばれるものはどれですか。ア～エから１つ選び解答欄の記号を○で囲みなさい。(ア イ ウ エ)

ア．アミノ酸　イ．脂肪酸　ウ．ブドウ糖　エ．無機物

(3) 下線部＝＝に関して，次の(①)・(②)にあてはまる語句をそれぞれ答えなさい。

①(　　　) ②(　　　)

タンパク質が分解されてできた（ ① ）は，（ ② ）という器官で無害な尿素につくり変えられた後，体外に排出される。

(4) 下線部＝＝に関して，右図はヒトの排出系を示している。図中Ａ～Ｅの説明として誤っているものを，次のア～オから２つ選び，解答欄の記号を○で囲みなさい。(ア イ ウ エ オ)

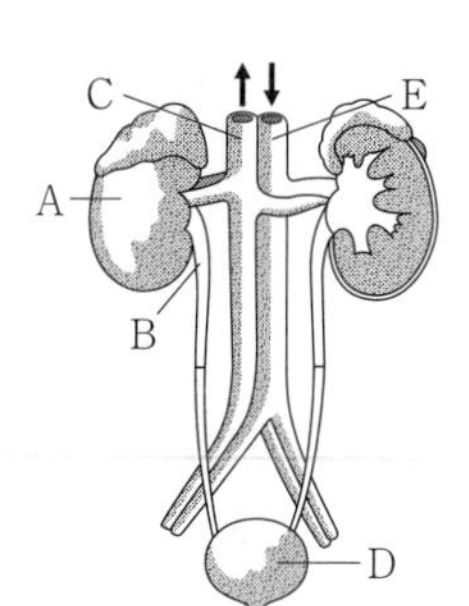

ア．Ａでは，血液中の余分な塩分が尿中に排出される。

イ．Ａは，背中側で肝臓より少し下の位置にある。

ウ．ＣとＥを流れる血液を比べると，尿素の量はＥの方が多い。

エ．ＢはＡでこし出された物質の通り道であり，水分の吸収も行われる。

オ．Ｄにためられた尿は体外に排出されるが，その成分は汗と似ていて，濃度もほぼ等しい。

(5) 赤血球，白血球，血小板が不足すると，それぞれどのようなことが起こると考えられますか。次の①～④について，最も適当な組み合わせを表のア～カから１つ選び，解答欄の記号を○で囲みなさい。(ア イ ウ エ オ カ)

	ア	イ	ウ	エ	オ	カ
赤血球	②	③	①	④	②	④
白血球	①	④	②	②	③	③
血小板	④	①	③	①	④	①

① 傷口から出た血液が固まりにくくなる。　② 感染症にかかりやすくなる。

③ 組織に栄養が行き届かなくなる。　④ 組織で酸素が欠乏する。

(6) 循環系に関する次の文中にある，下線部ア～ウの正誤をそれぞれ判断し，正しいものは解答欄の「正」，誤っているものは解答欄の「誤」を，それぞれ○で囲みなさい。

ア(正 誤) イ(正 誤) ウ(正 誤)

ヒトの体循環では静脈は，動脈に比べて，ア血管の壁がうすく，逆流しないように弁をもつ。一方，肺循環で動脈を流れる血液は，静脈を流れる血液に比べてイ酸素を多く含んでいる。また，ウ肺循環では二酸化炭素が，体循環ではブドウ糖が体外へ捨てるために取り除かれる。

§3．刺激と反応

10　以下の問いに答えなさい。　　　　　　　　　　　　　　　　　　　（京都産業大附高）

問1　図1は，ヒトの目の断面図です。ア，イどちらの断面図ですか。記号で答えなさい。（　　　）

ア　垂直方向　　イ　水平方向

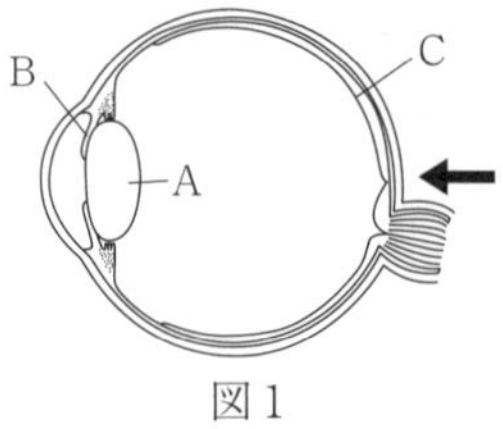

問2　図1のA～Cの名称を答えなさい。

A（　　　）B（　　　）C（　　　）

図1

問3　図1のA～Cのはたらきとして，適切なものを次のア～ウからそれぞれ1つずつ選び，記号で答えなさい。

A（　　　）B（　　　）C（　　　）

ア　瞳の大きさを変え，目に入る光の量を調節する。

イ　ここにある細胞が，光の刺激を受け取る。

ウ　光を屈折させ，像を結ばせる。

問4　図2のように紙に書かれた文字を目で見たときにC上に結ばれる像を，図1の矢印の方向から観察したと仮定すると，どのように映っていますか。適当なものを次のア～エから1つ選び，記号で答えなさい。（　　　）

京産太郎

図2

ア　京産太郎　　イ　郎太産京　　ウ　郎太産京　　エ　京産太郎

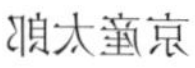

問5　明るいところから急に暗いところに移ると，周りが全く見えなくなります。しかし，直前にある動作をしていれば，うっすらと景色を確認することができます。その動作を次のア～エから1つ選び記号で答えなさい。（　　　）

ア　10秒間，繰り返しまばたきをする。

イ　10秒間，目をつむっている。

ウ　10秒間，大きく目を見開いている。

エ　10秒間，目を上下運動する。

問6　目に強い光が当たると瞳が収縮します。このような反応は無意識に起こります。このように生物が生まれつき持っている反応を何といいますか。（　　　）

問7　図3は，ヒトの耳のつくりを模式的に表したものです。A～Dの名称を答えなさい。

A（　　　）B（　　　）C（　　　）D（　　　）

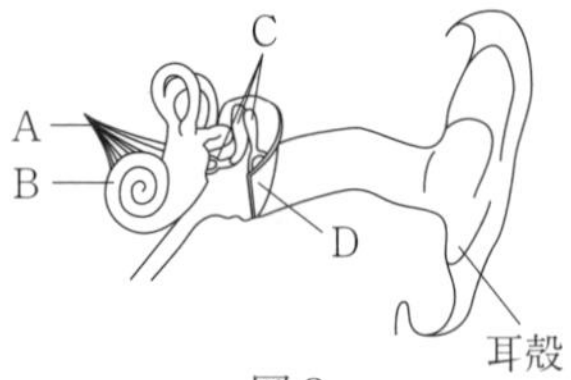

図3

問8　図3のB内には何が満たされていますか。正しいものを次のア～ウから1つ選び記号で答えなさい。（　　　）

ア　液体　　イ　空気　　ウ　細胞

問9　図3のCがある空間を鼓室といいます。鼓室には何が満たされていますか。正しいものを次のア～ウから1つ選び記号で答えなさい。（　　　）

ア　液体　　イ　空気　　ウ　細胞

11　刺激を受けとってから反応するまでの時間を調べるため，次のような実験を行い，結果を下の表にまとめた。この実験について，次の文章を読み，あとの問いに答えなさい。　(東山高)

【実験】

図のように，20人が手をつないで輪になり，最初の人はストップウォッチをスタートさせると同時に，となりの人の手をにぎる。にぎられた人はすぐに次の人の手をにぎる。これを次々に行い，最後の人は自分の手がにぎられたと同時にストップウォッチを止める。

	かかった時間〔秒〕
1回目	8.3
2回目	7.5
3回目	5.5
4回目	3.5
5回目	3.2
6回目	2.9

1．実験結果から，5回目において一人あたりの反応にかかった時間は平均すると何秒か。

(　　　秒)

2．この実験での刺激や命令の伝わり方の経路について，空欄(1)～(3)にあてはまる語として最も適切なものをあとの中からそれぞれ1つずつ選び，記号で答えよ。

(1)(　　　)　(2)(　　　)　(3)(　　　)

刺激⇒右手→(1)神経→(2)→脳→(2)→(3)神経→左手⇒反応

ア．脊髄(せきずい)　イ．脊椎　ウ．運動　エ．感覚

3．熱いものにふれたとき，思わず手を引っこめるなど，刺激に対して無意識に起こる反応を何というか。漢字2字で答えよ。□□

12　下の図は刺激の伝わり方を模式的に表したものである。次の各問いに答えなさい。　(奈良大附高)

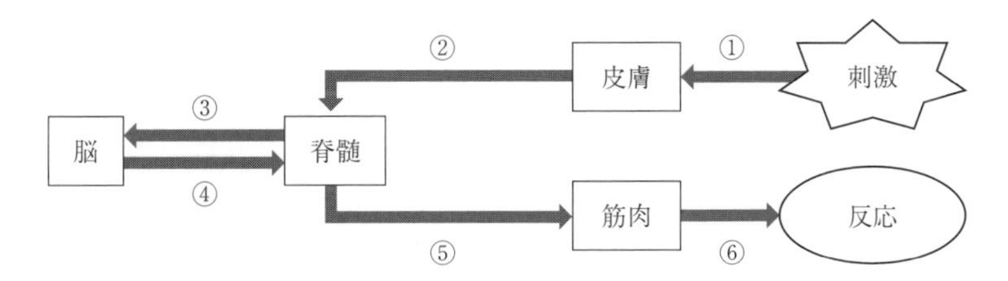

(1)　皮膚のように，外界からの刺激を感じ取る器官を何というか，答えなさい。(　　　)

(2)　図中の⑤の神経の名称を漢字で答えなさい。(　　　)

(3)　図中の②と⑤の神経をまとめて何というか，答えなさい。(　　　)

(4)　熱いものに触れて思わず手をひっこめる反応において，図中の①～⑥のうち必要ない反応経路をすべて選び，記号で答えなさい。(　　　)

(5)　(4)のような反応を何というか，漢字で答えなさい。(　　　)

(6)　(5)の反応は，危険から体を守ること以外に生きていくうえでどのような利点があるか，「調節」という語句を用いて簡潔に説明しなさい。(　　　　　　　　　　)

13　次の図は刺激の伝わり方についてまとめた図である。あとの問いに答えなさい。　(神戸龍谷高)

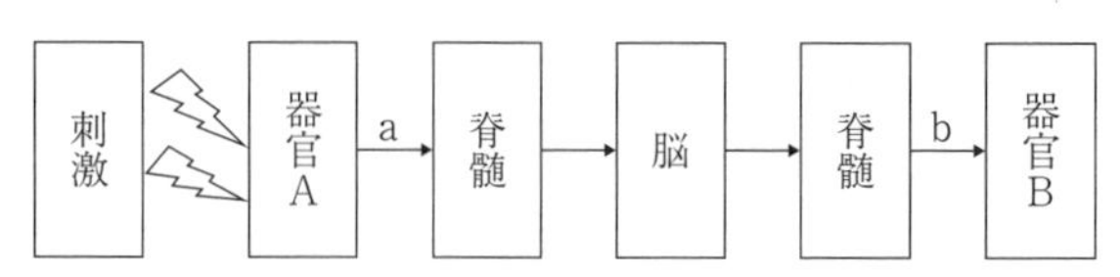

問1　ヒトの器官Aには目，耳，鼻などがあげられる。器官Aは何器官と呼ばれるか。漢字2文字で答えなさい。(　　　)

問2　脳や脊髄(せきずい)は何神経と呼ばれるか。またa，bの神経はそれぞれ何神経と呼ばれるか答えなさい。

(　　　)　a(　　　)　b(　　　)

問3　右図はヒトの器官Aである目と耳について刺激を受け取ってから脳へ伝わるまでの道筋である。(あ)と(い)に入る目と耳の名称を答えなさい。

目：レンズ → (あ) → 神経 → 脳

耳：鼓膜 → 耳小骨 → (い) → 神経 → 脳

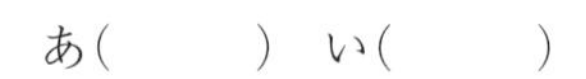

あ(　　　)　い(　　　)

問4　次の(1)～(3)の問いに答えなさい。

(1)　刺激に対する反応には上記の流れとは別に，無意識に起こる反応がある。この反応を何というか答えなさい。(　　　)

(2)　(1)の例として適さないものをすべて選び，記号で答えなさい。(　　　)

ア　信号機が青になったので横断歩道を渡った。

イ　お米を食べると唾液がでた。

ウ　日差しがまぶしかったのでカーテンを閉めた。

エ　熱い鍋に手がふれると，手を引っこめた。

オ　ほこりを吸い込みくしゃみがでた。

(3)　(1)の例として目の瞳の大きさの変化があげられる。明るい場所と暗い場所での瞳の変化を説明しなさい。

(　　　　　　　　　　　　　　　　　　　　　　　　　　　　　　)

問5　魚には側線という水圧や水流の向きを感じる器官Aを持っている。次のような実験を行った。あとの問いに答えなさい。

(1)　円形の水そうにメダカを数匹いれて，図のように反時計まわりにかき回した。メダカの泳ぐ様子として適切なものをア～ウから1つ選び，記号で答えなさい。(　　　)

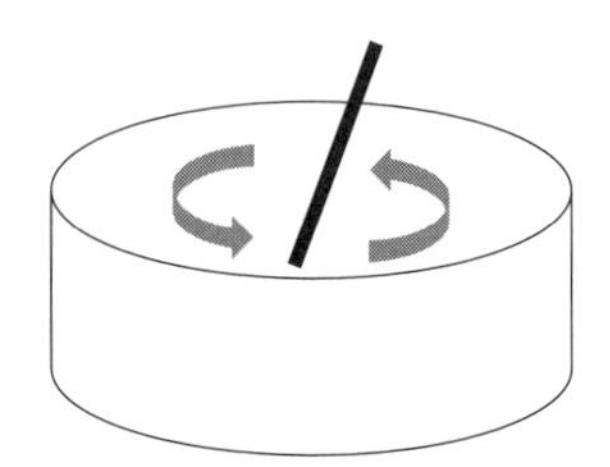

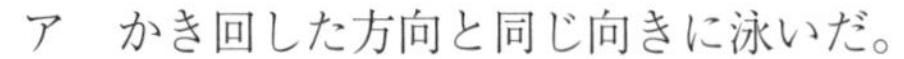

ア　かき回した方向と同じ向きに泳いだ。

イ　かき回した方向と逆の向きに泳いだ。

ウ　泳ぎ方に規則性はなかった。

(2)　次に図のように縦じま模様の紙を筒状にして，水そうのまわりに準備し，反時計回りに回転させた。すると，メダカは回転方向と同じ向きに泳ぎ始めた。回転方向と同じ向きに泳ぎ始めるのはメダカが何の刺激に反応したためだと考えられるか答えなさい。(　　　)

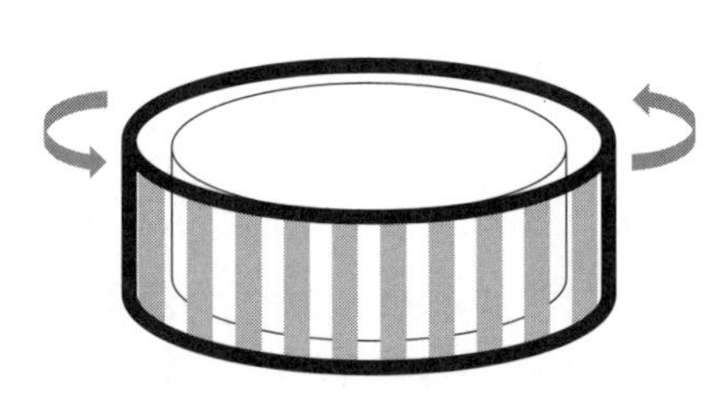

14 (A) 神経系に関する次の各問いに答えなさい。 (清明学院高)

問1 図1はヒトの神経系をまとめたものである。空欄の①，②に適する語句をそれぞれ答えなさい。①(　　　) ②(　　　)

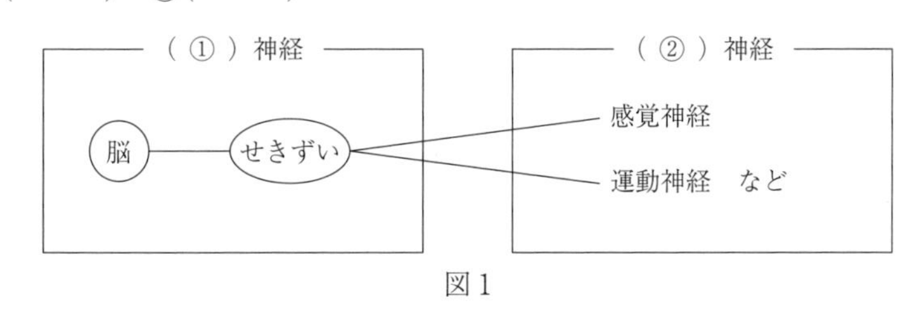

図1

問2 図2はヒトの神経系を模式的に表したものである。①感覚神経と②運動神経を図2のA～Fよりそれぞれ1つ記号で選び答えなさい。

①(　　) ②(　　)

問3 熱いものにふれた刺激に対して，無意識におこる反応を何というか，漢字2文字で答えなさい。

(　　　)

問4 問3の刺激が伝わり，反応がおこるまでの道すじを，図2の記号A～Fと矢印（→）を用いて答えなさい。(　　　　　)

(例) A→B→C→D→E→F

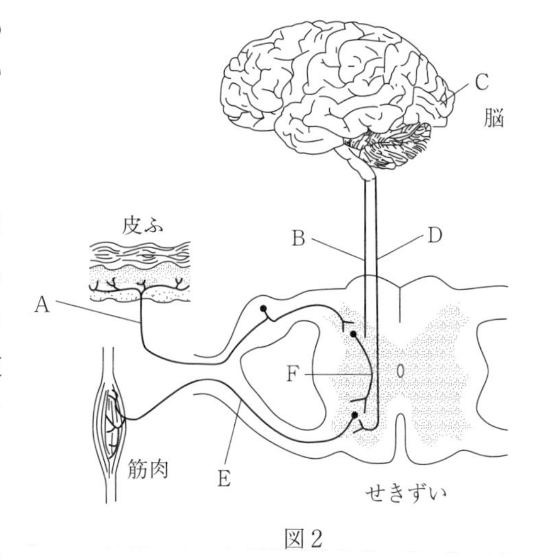

図2

問5 問3における反応と種類の異なるものを次のア～エより1つ記号で選び答えなさい。(　　)

ア．ひざをハンマーで軽くたたくと，足がはね上がった。

イ．目に光を当てると，ひとみが縮小した。

ウ．赤信号に変わって，とっさにブレーキをふんだ。

エ．口の中に食物が入ると，自然にだ液がでた。

(B) ヒトのうでの構造に関する次の各問いに答えなさい。

問6 体の内部に硬い骨を持ち，そのまわりを筋肉でおおった構造を何というか，漢字3文字で答えなさい。(　　　)

問7 図3はヒトのうでのつくりの一部を表したものである。

① 図3のAは筋肉が骨とくっつくところである。これを何というか答えなさい。(　　　)

② うでを伸ばすときに縮むのはどちらの筋肉か。図3のB，Cより記号で選び答えなさい。(　　)

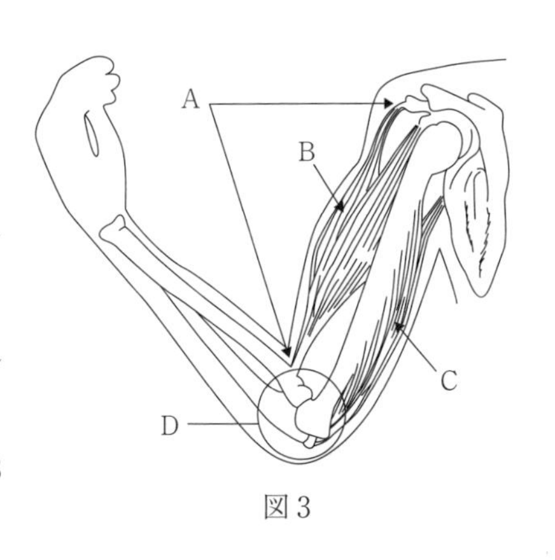

図3

③ 図3のD（○で囲ったところ）の骨と骨とがつながる部分を何というか，漢字2文字で答えなさい。(　　　)

§4．動物のなかま

15　次の問いに答えなさい。　（浪速高）

次の文は肉食動物と草食動物の歯と目のつき方の違いについて述べたものです。文章中の（ ① ）～（ ⑤ ）に当てはまる最も適当な語句を下の【語群】の中からそれぞれ1つずつ選び，記号で答えなさい。①（　　）　②（　　）　③（　　）　④（　　）　⑤（　　）

草食動物に比べ肉食動物の方が小動物などの獲物を捕獲するための（ ① ）が発達している。それに対し，草食動物は肉食動物に比べ，下あごが大きく，（ ② ）と（ ③ ）が発達している。（ ② ）は草をすりつぶすのに適しており，（ ③ ）は草をかみ切るのに適している。

また，目のつき方は，草食動物は横向き，肉食動物は前向きについている。そのため，草食動物に比べ肉食動物は，視野が（ ④ ）くなるが，（ ⑤ ）に見える範囲が広い。

【語群】　ア　ひろ　　イ　せま　　ウ　切歯　　エ　門歯　　オ　犬歯　　カ　乳歯
　　　　　キ　臼歯　　ク　永久歯　　ケ　立体的　　コ　平面的

16　動物のからだについて説明した次の文章を読み，以下の問いに答えよ。　（大阪商大高）

草や木などの植物を食べて生活している動物を草食動物といい，他の動物を食べて生活している動物を肉食動物という。草食動物の歯は，（ A ）と臼歯が発達しており，肉食動物の歯は，（ B ）と臼歯が発達している。また，（ C ）の目は，より広い範囲が見えるように顔の横についているが，（ D ）の目は，距離を正確に測れるように顔の前についている。動物は，草食動物と肉食動物に分ける以外にも①背骨がある動物と背骨のない動物に分けることができる。背骨のある動物は，さらに②魚類・両生類・は虫類・鳥類・哺乳類に分類される。背骨をもたない動物のうち，からだが外骨格でおおわれ，からだやあしに節のある動物を（ E ），からだが外とう膜でおおわれている動物を（ F ）という。

(1)　文章中の（ A ）～（ D ）に適する語句の組み合わせとして適当なものを，次のア～エから1つ選び記号で答えよ。（　　）

	ア	イ	ウ	エ
A	門歯	門歯	犬歯	犬歯
B	犬歯	犬歯	門歯	門歯
C	肉食動物	草食動物	肉食動物	草食動物
D	草食動物	肉食動物	草食動物	肉食動物

(2)　下線部①に関して，背骨がない動物を何というか。（　　）

(3)　文章中の（ E ），（ F ）に適する語句を答えよ。E（　　）　F（　　）

(4)　下線部②に関して，ア～オの文のうち，間違っているものを1つ選び記号で答えよ。（　　）

ア．魚類は，環境の温度が変化しても体温を一定に保つことができる。

イ．両生類の幼生はえらで呼吸し，成体は肺で呼吸する。

ウ．は虫類のからだの表面には，うろこやこうらがある。

エ．鳥類は，殻のある卵を陸上にうむ。

オ．哺乳類は，親の体内である程度育ってからうまれる。

17 次の動物について，以下の各問に答えなさい。 (大阪夕陽丘学園高)

A イルカ　B カエル　C フナ　D カラス　E ヘビ　F コウモリ

(1) 水中で産卵する動物を正しく選んだものはどれか。最も適当なものを答えよ。(　　　)

① A　② B　③ C　④ AとB　⑤ AとC　⑥ BとC

(2) 子が母体内である程度育ってからうまれる動物を正しく選んだものはどれか。最も適当なものを答えよ。(　　　)

① A　② D　③ F　④ AとD　⑤ AとF　⑥ DとF

(3) 陸上に殻のある卵を産む動物を正しく選んだものはどれか。最も適当なものを答えよ。

(　　　)

① D　② E　③ F　④ DとE　⑤ DとF　⑥ EとF

(4) 幼生のときはえら呼吸し，成体になると肺呼吸する動物を正しく選んだものはどれか。最も適当なものを答えよ。(　　　)

① A　② B　③ C　④ AとB　⑤ AとC　⑥ BとC

18 表のa～pの動物について，次の各問いに答えなさい。 (大阪女学院高)

表

a カエル	b フナ	c イカ	d アサリ
e イモリ	f アジ	g イルカ	h ミジンコ
i ヤモリ	j ウミガメ	k シカ	l カブトムシ
m スズメ	n ペンギン	o コウモリ	p セミ

(問1) 表の動物を背骨がない動物，ほ乳類，鳥類，は虫類，両生類，魚類に分けたとき，その分け方として最も適当なものを次の中から選び，記号で答えなさい。(　　　)

a	b	c	d
e	f	g	h
i	j	k	l
m	n	o	p

(あ)

a	b	c	d
e	f	g	h
i	j	k	l
m	n	o	p

(い)

a	b	c	d
e	f	g	h
i	j	k	l
m	n	o	p

(う)

a	b	c	d
e	f	g	h
i	j	k	l
m	n	o	p

(え)

a	b	c	d
e	f	g	h
i	j	k	l
m	n	o	p

(お)

a	b	c	d
e	f	g	h
i	j	k	l
m	n	o	p

(か)

a	b	c	d
e	f	g	h
i	j	k	l
m	n	o	p

(き)

a	b	c	d
e	f	g	h
i	j	k	l
m	n	o	p

(く)

(問2) 次の①～③は(あ)～(お)のどの基準によって分けられたものですか。

①(　　　)　②(　　　)　③(　　　)

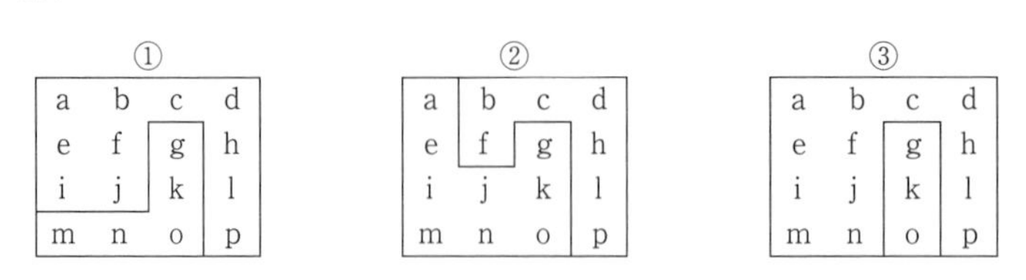

(あ)　生活場所　(い)　卵や子のうみ方　(う)　体の皮膚の特徴　(え)　体温の保ち方
(お)　肺呼吸とそれ以外

(問3)　次の①，②の動物が持つ特徴を(あ)～(け)の中からすべて選び，記号で答えなさい。
①　ヤモリ（　　　）　②　スズメ（　　　）
(あ)　胎生　(い)　卵生　(う)　背骨がある　(え)　背骨がない　(お)　卵に殻がない
(か)　卵に殻がある　(き)　うろこでおおわれている　(く)　羽毛でおおわれている
(け)　皮膚がうすく，いつもぬれている

(問4)　背骨のない動物は，分類上何動物といいますか。その名称を答えなさい。（　　　）

(問5)　外とう膜を持つ動物は，分類上何動物といいますか。その名称を答えなさい。（　　　）

(問6)　(問5)の動物を表の中からすべて選び，記号で答えなさい。（　　　）

19　次の文章は，動物の分類について説明したものです。これについて，後の各問いに答えなさい。

（上宮太子高）

「動物は，背骨のない動物と背骨のある動物の2つのグループに分類することができます。背骨のない動物には，①全身が（ A ）におおわれており，からだやあしがたくさんの節に分かれているものや，②骨のないあしをもち，内臓を（ B ）がおおっているものなどがいます。背骨のある動物は，子のうまれ方や呼吸のしかた，体温の変化などでさらに③5つのグループに分類できます。」

問1　背骨のない動物をまとめて何といいますか。（　　　）

問2　文中の（ A ），（ B ）にあてはまる言葉をそれぞれ答えなさい。(A)（　　　）(B)（　　　）

問3　下線部①，②のような特徴を持つなかまは，それぞれ何動物といいますか。漢字で正しく答えなさい。①（　　　）②（　　　）

問4　下線部①の特徴をもつ動物の組み合わせとして正しいものを，次のア～エから1つ選んで，記号で答えなさい。（　　）
ア　チョウ，アサリ，トンボ　イ　ムカデ，エビ，イカ　ウ　カブトムシ，カニ，クモ
エ　カタツムリ，タコ，トノサマバッタ

問5　右の表は，下線部③の5つのグループをa～eとして，それらを子のうまれ方，呼吸のしかた，体温の変化のちがいについて，それぞれ2つのグループに分けて表したものです。a～eの動物の例として正しいものを，次のア～オからそれぞれ1つずつ選んで，記号で答えなさい。ただし，eは幼生と成体で呼吸のしかたが異なるものとします。a（　）b（　）c（　）d（　）e（　）

子のうまれ方	a，b，c，e	d
呼吸のしかた	a，c，d，e	b，e
体温の変化	a，b，e	c，d

ア　ネズミ　イ　カエル　ウ　トカゲ　エ　ハト　オ　メダカ

問6　問5のグループdの子のうまれ方を何といいますか。漢字で正しく答えなさい。（　　　）

4　天気の変化

中1・2の復習

§1．気象観測

[1]　図1は日本のある地点の5月3日から5月5日の気象観測結果を表したグラフである。図2はその観測中のある時刻の乾湿計の一部を示したものである。気象観測についてあとの各問いに答えなさい。

(清明学院高)

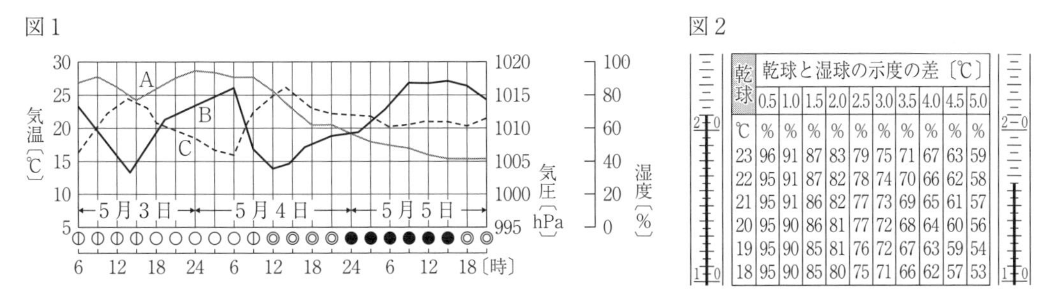

乾球	乾球と湿球の示度の差〔℃〕									
	0.5	1.0	1.5	2.0	2.5	3.0	3.5	4.0	4.5	5.0
℃	%	%	%	%	%	%	%	%	%	%
23	96	91	87	83	79	75	71	67	63	59
22	95	91	87	82	78	74	70	66	62	58
21	95	91	86	82	77	73	69	65	61	57
20	95	90	86	81	77	72	68	64	60	56
19	95	90	85	81	76	72	67	63	59	54
18	95	90	85	80	75	71	66	62	57	53

問1　雨，雪などは降っていない状況で，空全体の8割が雲で覆われていた。このときの天気は何か答えなさい。(　　　)

問2　図1のA～Cは気温，湿度，気圧のうち，それぞれ何の数値を示しているか。最も適するものを次の①～⑥より1つ番号で選び答えなさい。(　　　)

①　A：気温　B：湿度　C：気圧　②　A：気温　B：気圧　C：湿度
③　A：湿度　B：気温　C：気圧　④　A：湿度　B：気圧　C：気温
⑤　A：気圧　B：気温　C：湿度　⑥　A：気圧　B：湿度　C：気温

問3　気温，湿度を観測するときの条件を，次の(ア)～(ク)より1つ記号で選び答えなさい。(　　　)

(ア)　地上から0mのところで，直射日光の当たる室内で観測する。
(イ)　地上から0mのところで，直射日光の当たる屋外で観測する。
(ウ)　地上から0mのところで，直射日光の当たらない室内で観測する。
(エ)　地上から0mのところで，直射日光の当たらない屋外で観測する。
(オ)　地上から1.5mのところで，直射日光の当たる室内で観測する。
(カ)　地上から1.5mのところで，直射日光の当たる屋外で観測する。
(キ)　地上から1.5mのところで，直射日光の当たらない室内で観測する。
(ク)　地上から1.5mのところで，直射日光の当たらない屋外で観測する。

問4　乾湿計が図2のように示すとき気温は何℃になるか答えなさい。(　　　℃)

問5　乾湿計が図2のように示されたとき湿度は何%になるか答えなさい。また，この観測時の日時を，次の①～⑥より1つ番号で選び答えなさい。湿度(　　　%)　日時(　　　)

①　5月3日15時頃　②　5月3日19時頃　③　5月4日13時頃　④　5月4日24時頃
⑤　5月5日9時頃　⑥　5月5日14時頃

2　次の文は，中学生の凌太君と先生の会話の一部です。この会話文を読み，以下の各問いに答えなさい。

(大阪青凌高)

凌太君：先生，この前，家族で登山に行ったときに，ポテトチップスを持っていたら，山頂では袋がふくらんでいたのですよ。これはどうしてでしょうか。

先　生：凌太君，理科の授業で【 X 】の学習をしたのを覚えていますか。

凌太君：はい，覚えています。上空に行くほど，そこよりも上にある空気の量が少なくなるので，【 X 】は（ あ ）のでしたよね。

先　生：よく覚えていますね。【 X 】は，海面と同じ高さのところでは，ほぼ【 Y 】気圧とよばれる大きさであるということも学習しましたね。ポテトチップスを作っている工場は山と比べると低いところにありますね。この工場が海面と同じ高さにあったとしましょう。そこで袋詰めしたということは，袋の中の圧力は約【 Z 】hPaとなっていますね。これを登山で高いところに持っていくと，袋の中の圧力はどうなりますか。

凌太君：（ い ）と思います。

先　生：正解です。袋の中の圧力は（ い ）のですが，【 X 】は（ あ ）ので，ポテトチップスの袋はふくらんだのですね。

凌太君：だからポテトチップスの袋はふくらんだのですね。ということはそのポテトチップスは残念ながら山頂で，家族でおいしく食べてしまったのですが，もし食べずに下山していたら袋は（ う ）のでしょうか。

先　生：正解です。凌太君，【 X 】の良い復習ができましたね。

問1　文中の【 X 】に適切な語句を漢字で答えなさい。(　　　)

問2　文中の【 Y 】と【 Z 】に適切な数値を，次の㋐～㋕からそれぞれ1つずつ選び，記号で答えなさい。Y(　　　)　Z(　　　)

㋐　1　　㋑　10　　㋒　100　　㋓　1000　　㋔　10000　　㋕　100000

問3　文中の(あ)～(う)にそれぞれ適切な語句を選び，答えなさい。

あ(　　　)　い(　　　)　う(　　　)

（ あ ）　大きくなる・小さくなる・変化しない

（ い ）　大きくなる・小さくなる・変化しない

（ う ）　さらにふくらんだ・ふくらんだままだった・元の大きさに戻った

問4　文中の【 X 】についての記述として適切でないものを，次の㋐～㋔からすべて選び，記号で答えなさい。(　　　)

㋐　あらゆる向きにはたらく

㋑　空気の重さは上からかかるので，上からだけはたらく

㋒　これを利用しているものの例として吸盤がある

㋓　これを利用しているものの例としてストローがある

㋔　これを利用しているものの例として布団圧縮袋がある

§2．空気中の水蒸気と雲

3 気温と湿度について調べるため，次の〔実験1〕と〔実験2〕を行いました。(1)～(6)の問いに答えなさい。ただし，表1は気温と飽和水蒸気量との関係を表しています。 (武庫川女子大附高)

〔実験1〕

ある日の日中に窓を閉め切った部屋で，金属製のコップに室温と同じ23℃の水を入れ，図のように温度を調べながら，氷を入れた試験管でかき混ぜていくと，水温が18℃のときにコップの表面に水滴がついた。

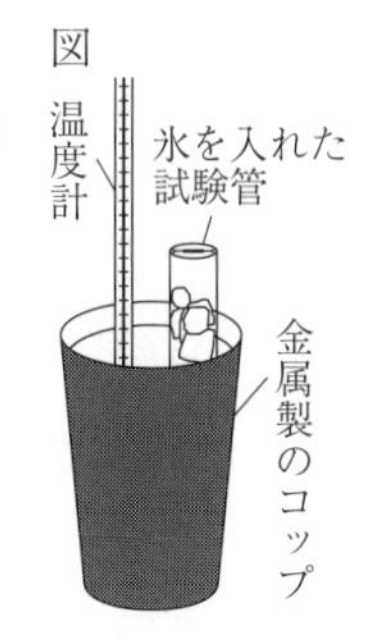

表1

気温〔℃〕	17	18	19	20	21	22	23	24
飽和水蒸気量〔g/m^3〕	14.5	15.4	16.3	17.3	18.3	19.4	20.6	21.8

〔実験2〕

ある日の7時から21時まで2時間ごとに，気温と湿度を測定した。表2は測定の結果を表している。

表2

時刻〔時〕	7	9	11	13	15	17	19	21
気温〔℃〕	19.0	21.5	23.0	24.5	23.5	21.5	20.0	21.5
湿度〔%〕	90	89	84	80	79	72	71	74

(1) 〔実験1〕で，コップの表面に水滴がつき始めたときの温度を何といいますか。(　　　)

(2) 〔実験1〕で，部屋の室内の空気の湿度は何％でしたか。小数第1位を四捨五入して整数で答えなさい。(　　　%)

(3) 〔実験1〕で，部屋の室温が17℃まで下がったとき，部屋全体で凝結した水は何gですか。ただし，部屋の容積は$40m^3$とします。(　　　g)

(4) 〔実験2〕で，9時，17時，21時の空気$1m^3$中の水蒸気量をそれぞれAg，Bg，Cgとするとき，A，B，Cを値の大きい順に並べ，記号で答えなさい。(　　，　　，　　)

(5) 〔実験2〕の11時に，〔実験1〕の操作を行った場合，コップの表面に水滴がつく温度は何℃ですか。(　　　℃)

(6) コップの表面に水滴がつくように，地表付近の空気中の水蒸気が水滴に変わって空中にうかんでいる気象現象を何といいますか。(　　　)

4 気温と湿度の関係を調べるために，室温18℃の教室内で次の実験を行いました。ただし，教室や実験で用いる透明容器内の温度が実験中に変化することはないものとします。また，後のグラフは気温と飽和水蒸気量の関係を示したものです。以下の問いに答えなさい。 (天理高)

【実験】 金属製のコップを用意し，そのコップに教室の室温と同じ温度の水を入れた。その水に氷を入れた後，コップごと$1m^3$の透明容器に入れ，透明容器を密閉した。しばらくすると，コップの表面が小さな水滴でくもりだした。くもり始めた時の水の温度を測定すると11℃であった。

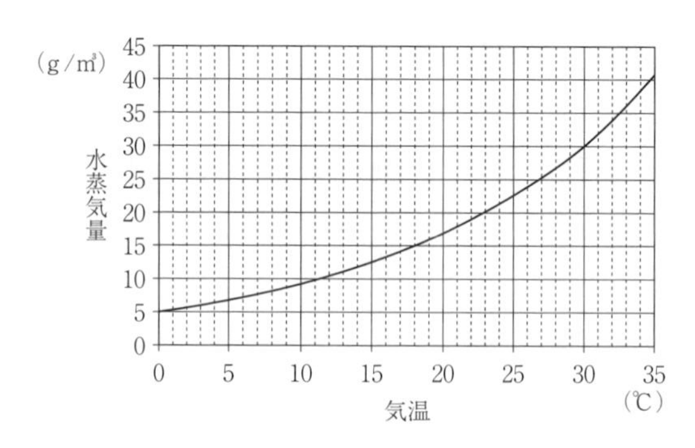

⑴　この教室内の空気の露点は何℃ですか。(　　　℃)

⑵　飽和水蒸気量のグラフをもとに，この教室の湿度が何％であるか計算して求めなさい。ただし，答えは小数第1位を四捨五入して整数で答えなさい。(　　　％)

⑶　教室内の体積が $200m^3$ だとすると，この教室内の空気は最大であと何gの水蒸気を含むことができますか。(　　　g)

⑷　透明容器内の空気を均一に6℃まで冷やした場合，およそ何gの水滴ができますか。グラフから読み取り，次のア～エから1つ選び，記号で答えなさい。(　　　)

ア．1.0g　　イ．2.5g　　ウ．5.0g　　エ．7.5g

⑸　この教室の湿度を50％にしたい場合，室温を何℃にすればよいですか。グラフから読み取り，整数で答えなさい。(　　　℃)

5　暑い夏の日にコップに入っている冷たい飲み物をずっと放置していると，コップに水滴がつきます。この現象について説明した次の文を読み，次の問いに答えなさい。　**(阪南大学高)**

空気中の水蒸気が水滴に変化する温度は，空気に含まれる水蒸気の量によって変わります。飽和水蒸気量とは $1m^3$ の空気が含むことができる水蒸気の最大質量であり，下の表で表されています。水蒸気を含む空気を冷やしていくと，ある温度で含んでいる水蒸気の量と飽和水蒸気量が等しくなり，さらに冷やしていくと，水蒸気の一部が水滴に変わります。これが暑い夏の日に冷たい飲み物を入れたコップの周りに水滴がつく理由です。

気温〔℃〕	0	1	2	3	4	5	6	7	8	9
飽和水蒸気量〔g〕	4.8	5.2	5.6	6.0	6.4	6.8	7.3	7.7	8.3	8.8

気温〔℃〕	10	11	12	13	14	15	16	17	18	19
飽和水蒸気量〔g〕	9.4	10.0	10.7	11.4	12.1	12.8	13.6	14.5	15.4	16.3

気温〔℃〕	20	21	22	23	24	25	26	27	28	29
飽和水蒸気量〔g〕	17.3	18.3	19.4	20.6	21.8	23.0	24.4	25.8	27.2	28.8

⑴　上の文中の下線部の名称を答えなさい。(　　　)

⑵　水蒸気が水滴になる現象を何といいますか。最も適切なものを，次のア～エから選び，記号で答えなさい。(　　　)

ア　昇華　　イ　凝結　　ウ　蒸発　　エ　融解

(3)　気温 20 ℃で 1 m^3 に含まれる水蒸気量が 9.7g の空気を 7 ℃まで冷やしたとき，1 m^3 中に生じる水滴は何 g ですか。(　　　g)

(4)　気温 25 ℃で 1 m^3 に含まれる水蒸気量が 13.8g でした。この空気の湿度は何％ですか。整数で答えなさい。(　　　％)

(5)　気温 18 ℃の空気を 6 ℃まで冷やしたとき，1 m^3 中に 2.1g の水滴が生じました。この空気の(1)は何℃ですか。(　　　℃)

(6)　飽和水蒸気量から，雲ができる原理も考えることができます。その理由を説明した次の文の（ ① ），（ ② ）にあてはまる語句の組み合わせとして最も適切なものを，右のア～エから選び，記号で答えなさい。(　　　)

水蒸気を含んだ空気が上昇すると，上空は気圧が（ ① ）いため，空気が（ ② ）し，気温が下がります。そのため，ある高さで飽和水蒸気量を超えた水蒸気が，水滴になり雲ができます。

	①	②
ア	低	収縮
イ	低	膨張
ウ	高	収縮
エ	高	膨張

6　大気とそこに含まれる水分によって起こる現象に関する次の文章について，以下の問いに答えなさい。　（大阪緑涼高）

地球上にある水の総量のうち 96 ％は（ ア ）であり，大気中の水分の総量は全体の 0.0001 ％と言われている。一定体積の空気に含むことができる水蒸気量を（ イ ）といい，その値は空気の温度によって決まっている。また，空気中の水蒸気が水滴になり始めるときの温度を（ ウ ）という。空気の湿り気のことを湿度といい，気温と（ ウ ）が同じとき湿度は（ エ ）％である。大気中の水蒸気が空気中に浮かぶ（ オ ）を核にして水滴や氷の粒になるときに，雲ができる。A 雲ができる原因はおもに（ カ ）気流である。B 雲はできる高さや形により（ キ ）種類に分類されている。

(1)　文章中の空欄（ ア ）～（ キ ）に当てはまる語句を次の語群より選びなさい。

ア(　　) イ(　　) ウ(　　) エ(　　) オ(　　) カ(　　) キ(　　)

〈語群〉

0　5　10　50　100　飽和点　露点　淡水　海水　ちり　上昇　下降　飽和水蒸気量

(2)　下線部 A について，次のような実験があります。次の①～③の問いに答えなさい。

右の図は，雲を実験的に作る装置です。注射器のピストンを用いて，フラスコ内部の空気の体積を変化させることで雲を発生させることができます。

図

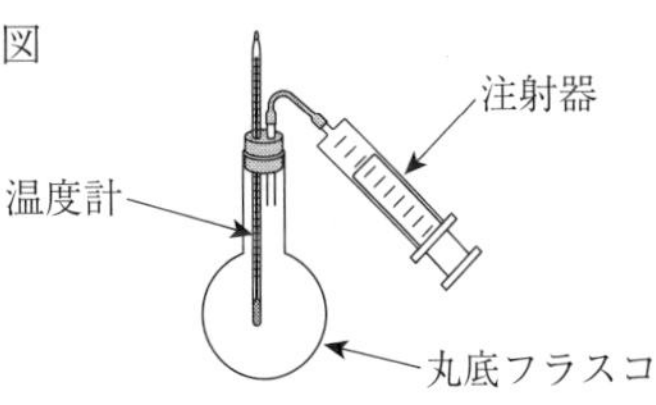

①　この実験をするとき，フラスコ内に線香の煙を少し入れる必要があります。その理由を簡単に答えなさい。(　　　　　　　　　　)

②　この実験を成功させるためには，注射器のピストンをどのように動かせばよいですか。次の(ア)～(エ)から最も適したものを１つ選び，記号で答えなさい。(　　　)

(ア)　ゆっくり引く　(イ)　ゆっくり押す　(ウ)　強く引く　(エ)　強く押す

③　②のように答えた理由を，次の語句をすべて使って簡単に説明しなさい。

(　　　　　　　　　　　　　　　　　　　　　　　　　　)

〈語句〉

気圧　　装置内の空気　　膨張

(3)　下線部Bについて，次の①，②の問いに答えなさい。

①　入道雲と呼ばれることもあり，垂直方向に大きく発達する雲の名称を答えなさい。(　　　)

②　①の連続した通過により，数時間にわたって降る局地的な強い雨の名称を答えなさい。

(　　　)

7　次の文章を読んで，下の各問いに答えなさい。　(帝塚山学院泉ヶ丘高)

太陽の熱によって温められた水は，蒸発して水蒸気となる。水蒸気を含む空気のかたまりが上昇するにしたがって冷やされ，やがて（ あ ）と呼ばれる温度に達すると，雲ができる。雨や雪となって地上に降り注いだ水の一部は川の水や地下水となり，やがて海に流れ込む。

(1)　文中の空欄（ あ ）にあてはまる語句を漢字で答えなさい。(　　　)

(2)　下線部＿＿に関して，空気のかたまりが上昇するに従って冷やされる理由を，「気圧」という言葉を必ず用いて答えなさい。

(　　　　　　　　　　　　　　　　　　　　　　　　　　)

(3)　下線部＿＿に関して，右図は斜面に沿って山を越える空気のかたまりを模式的に示したものである。なお，AとD地点は標高0m，B地点は標高500m，C地点は標高1500mであり，B地点で雲が発生したものとする。

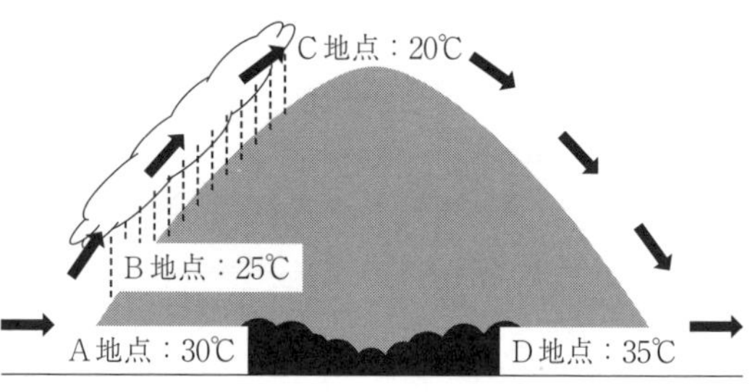

また，下表は気温と飽和水蒸気量を示したものである。①～④の各問いに答えなさい。ただし，空気のかたまりとその周囲の空気との熱や水蒸気の出入りは無視できるものとする。答えが割り切れないときは，小数第2位を四捨五入し，小数第1位まで答えなさい。

おもな気温における飽和水蒸気量

気温〔℃〕	0	5	10	15	20	25	30	35	40
飽和水蒸気量〔g/m^3〕	4.9	6.8	9.4	12.8	17.2	23.1	30.3	39.6	51.1

①　A地点での空気のかたまりの（ あ ）は何℃ですか。(　　　℃)

②　A地点での空気のかたまりの湿度は何%ですか。(　　　%)

③　C地点での空気のかたまりの水蒸気量は何g/m^{3}ですか。(　　　g/m^3)

④　D地点での空気のかたまりの湿度は何%ですか。(　　　%)

(4)　(3)のように湿った空気のかたまりが山を越えていくとき，風上側の山麓(ろく)に比べて風下側の山麓では気温が上昇し，湿度が下がる。この現象を何といいますか。(　　　)

§3．気圧と前線

8 下の図は，日本付近の温帯低気圧とそれにともなう前線を示している。これについて以下の問いに答えなさい。 (京都明徳高)

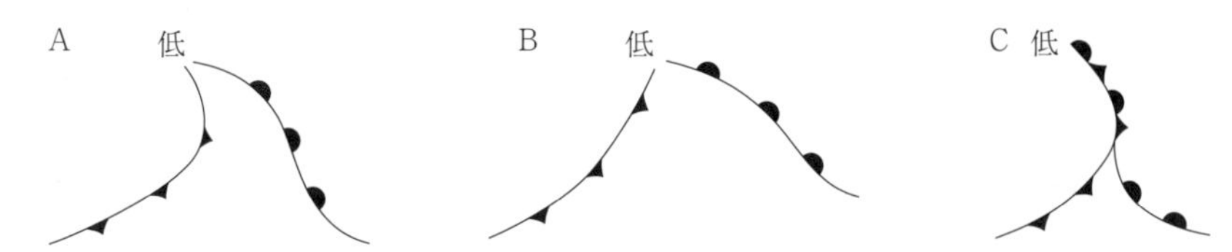

(1) A，B，C を低気圧の発達の順に並べかえて，A，B，C の順番を答えなさい。

(2) 閉塞前線ができているのはA，B，Cのどれか答えなさい。(　　　)

(3) 一般に雨が強いのは前線の北側か南側か，どちらか答えなさい。(　　　)

9 図1が示す低気圧や前線に関するあとの問いに答えなさい。 (関西大学北陽高)

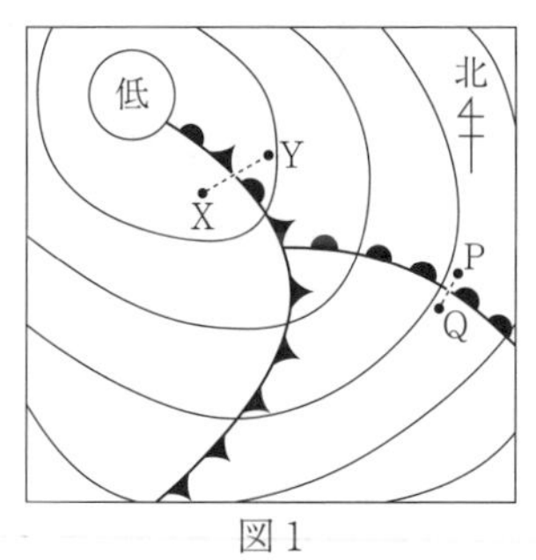

図1

(1) 前線を横切る地点X—Yの，寒気と暖気が接している断面図を表した模式図を，次のア～クから1つ選び，記号で答えなさい。

(　　　)

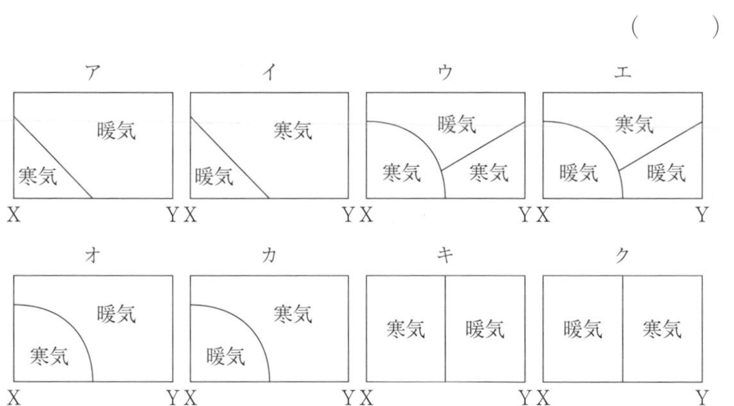

(2) 前線を横切る地点P—Qの，寒気と暖気が接している断面図を表した模式図を，次のア～クから1つ選び，記号で答えなさい。(　　　)

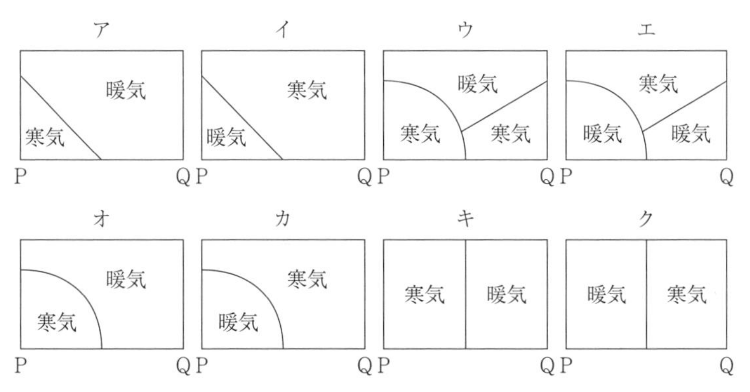

10 右図は低気圧にともなう前線X，Yを表した，ある日の天気図の一部を示している。以下の問いに答えなさい。　（履正社高）

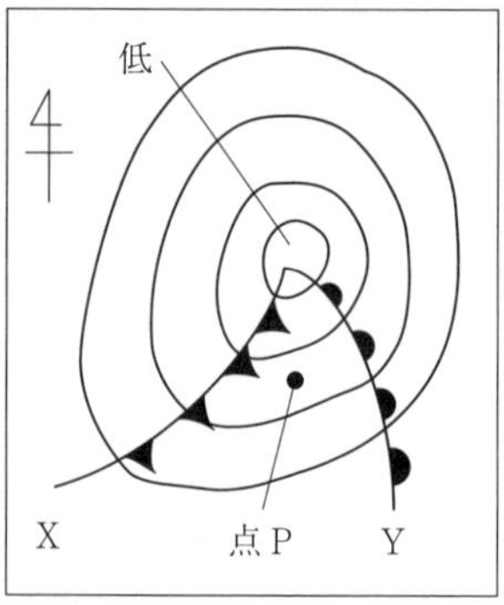

低
点P
X　Y

(1) X，Yの前線の名称を，それぞれ漢字で書きなさい。
X（　　　）Y（　　　）

(2) 図の低気圧付近の風の吹き方を，次のア～エから選びなさい。（　　　）

ア．右回りに吹き込む　　イ．右回りに吹き出す
ウ．左回りに吹き込む　　エ．左回りに吹き出す

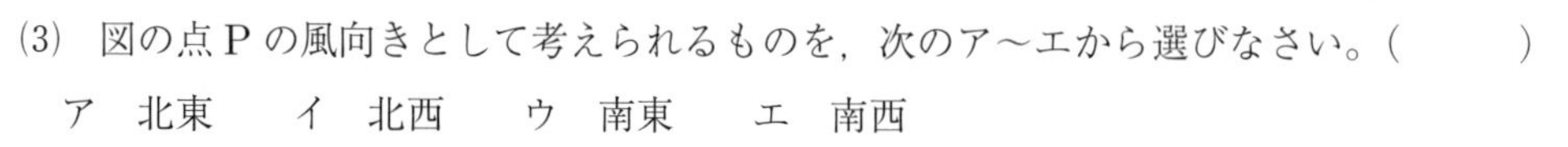

(3) 図の点Pの風向きとして考えられるものを，次のア～エから選びなさい。（　　　）
ア　北東　　イ　北西　　ウ　南東　　エ　南西

(4) 図の天気図の時刻から数時間後，ある地点を前線Yが通過し，そのあと前線Xが通過した。この地点の天気の変化について，下の語群の言葉を一回ずつ選び，次の文章を完成させなさい。
①（　　）②（　　）③（　　）④（　　）⑤（　　）⑥（　　）

〔文章〕
（①）雲でおおわれ，（②）が降り，雨があがると温度は（③）。その後，（④）雲が発達し，（⑤）が降り，温度は（⑥）。

〔語群〕ア　おだやかな雨　　イ　強いにわか雨　　ウ　積乱　　エ　乱層　　オ　上がる
カ　下がる

11 図1は日本付近のある日の天気図の一部を示している。また，図2は地表付近での大気の上下の動きを表している。後の各問いに答えなさい。　（東大谷高）

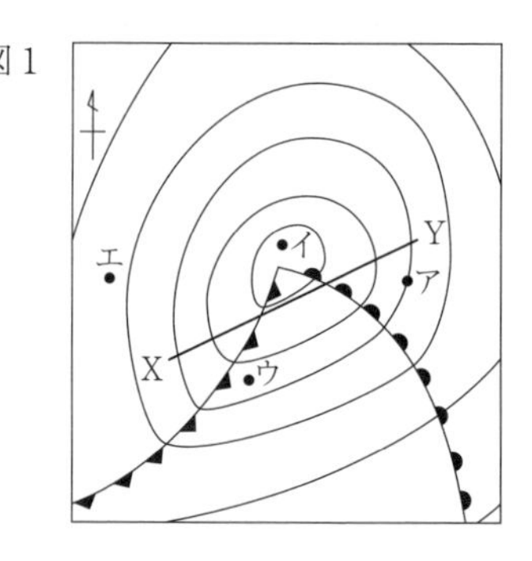

問1　図1の前線を横切るX—Yの断面として正しいものを次のア～エから1つ選び，記号で答えなさい。（　　）

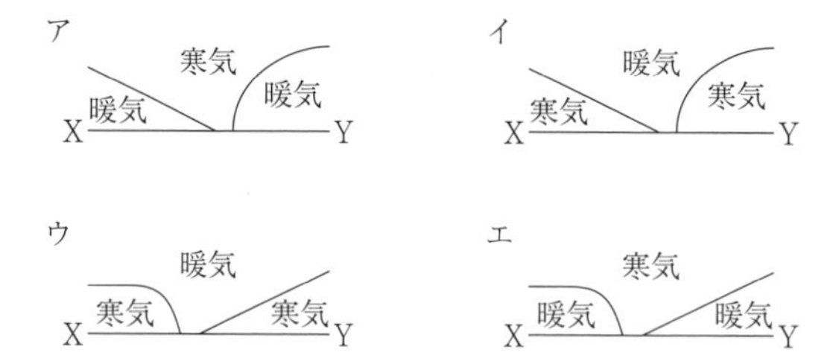

問2　図1のア～エの地点のうち今後激しい夕立が降る可能性のある地点はどこか。正しいものを図1のア～エから1つ選び，記号で答えなさい。（　　）

問3　低気圧の中心付近における大気の上下の動きを正しく表しているものを図2のア，イから1つ選び，記号で答えなさい。（　　）

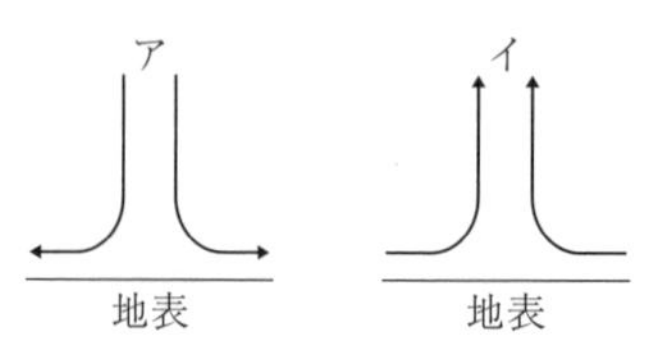

12 下の図は，大阪のある場所を前線が通過した日の気温，湿度と天気のようすの変化を2時間ごとに記録したものです。図中の実線は気温，点線は湿度の変化を表しています。これについて，次の各問いに答えなさい　　（上宮太子高）

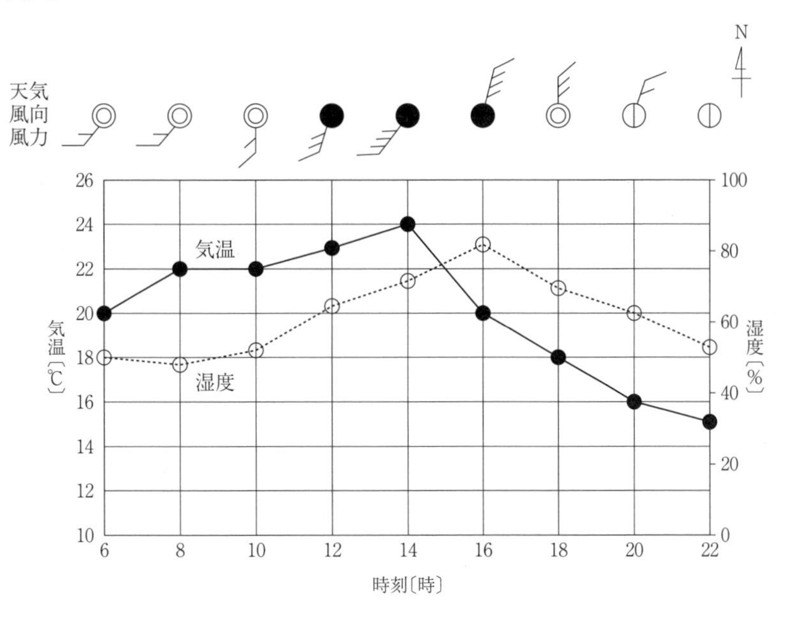

問1　20時の天気，風向，風力をそれぞれ答えなさい。

天気（　　　）　風向（　　　）　風力（　　　）

問2　この前線が通過したと考えられる時間帯として正しいものを，次のア～ウから1つ選んで，記号で答えなさい。（　　　）

ア　12時～14時　　イ　14時～16時　　ウ　16時～18時

問3　この前線を何といいますか。漢字で答えなさい。（　　　）

問4　この前線について説明した，次の文中の空欄（ ① ）～（ ④ ）に当てはまるものを，下のア～クからそれぞれ1つずつ選んで，記号で答えなさい。

①（　　　）　②（　　　）　③（　　　）　④（　　　）

風は，低気圧に向かって吹こうとするため，風向は等圧線に対して（ ① ）になるはずである。しかし，地球の自転などの影響により，北半球では風が低気圧に（ ② ）で吹き込むことによって，温帯低気圧の西側にこの前線が生じる。この前線が通過した後，気温は（ ③ ），雨は（ ④ ）。

ア　垂直　　イ　平行　　ウ　時計回り　　エ　反時計回り　　オ　上がり　　カ　下がり
キ　すぐやむ　　ク　しばらく降り続く

問5　この前線付近の断面図として正しいものを，次のア～エから1つ選んで，記号で答えなさい。
（　　　）

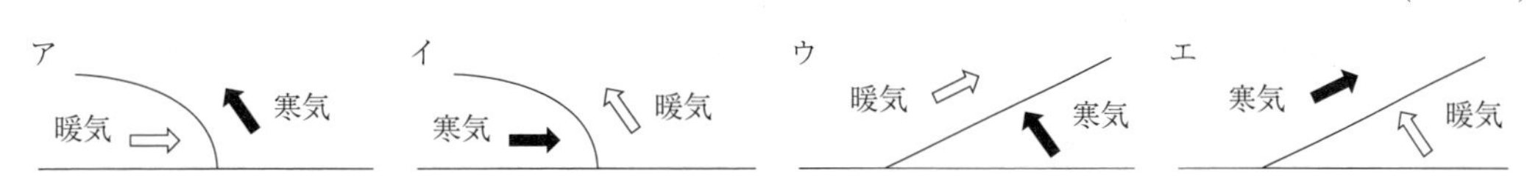

問6　この前線付近に発生しやすい雲を何といいますか。漢字で答えなさい。（　　　）

§4．四季の天気

13　次のA〜Cの図は，異なる季節の代表的な日本付近の天気図である。これについて，次の各問いに答えなさい。　（奈良大附高）

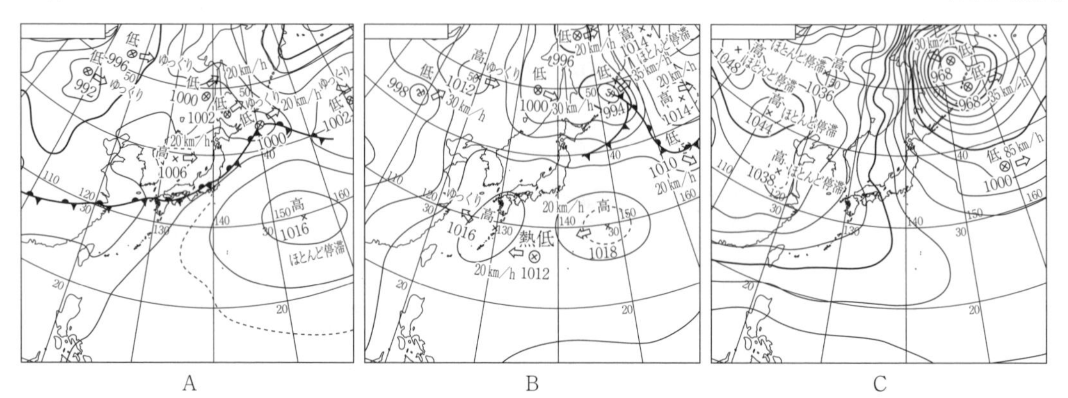

A　　　B　　　C

⑴　Aの天気図は7月初旬に見られたものである。この時期，日本付近ではほぼ勢力の同じ2つの気団がぶつかり合うため，停滞前線が発生する。この2つの気団の名称を答えなさい。

（　　　気団）（　　　気団）

⑵　Aの天気図に見られる停滞前線を何というか，答えなさい。（　　　）

⑶　Bの天気図が見られる季節には，あたたかく湿った季節風がふき，むし暑くなる。この季節風のおよその風向を，次のア〜エより1つ選び，記号で答えなさい。（　　　）

ア．北西　　イ．南西　　ウ．北東　　エ．南東

⑷　Bの天気図が見られる季節は，夕立のようなにわか雨や雷が発生しやすくなる。その理由を述べた次の文章中の（ ① ）と（ ② ）にあてはまる語句を，それぞれ漢字2字で答えなさい。

①□□　②□□

「昼に大気が局地的に熱せられることにより，急激な（ ① ）気流が生じて（ ② ）雲が発達するから。」

⑸　Bの天気図のように，日本付近の低気圧は東側に温暖前線，西側に寒冷前線ができることが多い。しかし，Bの天気図の下方にある「熱低（熱帯低気圧）」は前線をともなわない。この「熱低」に海から多量の水蒸気が供給され，発達したものを何というか，答えなさい。（　　　）

⑹　Cの天気図の上方に見られる，高気圧によってできる気団の名称を答えなさい。（　　　気団）

⑺　次の文章は，Cの天気図が見られた日の天気予報の一部である。文章中の（ ① ）〜（ ③ ）にあてはまる語句を答えなさい。①（　　　）　②（　　　）　③（　　　）

「日本海側には（ ① ）状の雲が広がり，日本列島に強い寒気が流れ込んでいます。天気図を見ると，（ ② ）の冬型の気圧配置になっていることがわかります。（ ③ ）の間隔もせまくなっており，今日は全国的に北よりの風が強く，日本海側では吹雪くところもありそうです。」

⑻　⑹の気団は冷たく乾燥しているが，日本海側に大雪を降らせることが多い。その理由を簡潔に説明しなさい。

（　　　　　　　　　　　　　　　　　　　　）

14 次の文章は，日本付近の１年間の天気の特徴について述べたものです。下の各問いに答えなさい。

（東海大付大阪仰星高）

【春の天気の特徴】

移動性の高気圧と低気圧が日本付近に次々にやってきて，西から東へ通りすぎることが多い。これは日本の上空に（ a ）という強い西風がふいていることが原因である。このため，春は４～６日ほどの周期で晴れたり曇ったりを繰り返す。また，５月中旬から７月下旬にかけて，北海道を除く日本列島は長期間の梅雨に入る。これは，低温で湿潤である（ b ）気団と，高温で湿潤である（ c ）気団がほぼ同じ勢力でぶつかって，停滞前線ができるためである。

【夏の天気の特徴】

日本列島は（ c ）気団にすっぽり覆われ，高温で湿度が高い晴天の日が続く。強い日差しのため①昼から夕方にかけて雷雨になる日も多い。

【秋の天気の特徴】

残暑が過ぎると，梅雨の時期と同じように，停滞前線の影響で雨になることが多い。その後は，移動性高気圧に覆われて晴天の日が多くなる。また，７月から 10 月にかけては，②台風が日本付近に近づく回数も多くなる。

【冬の天気の特徴】

11 月から２月にかけて（ d ）気団が発達し，気圧が西の大陸側で高く，東の太平洋側で低くなる（ e ）の気圧配置になることが多い。③日本の冬は，この気団の影響を大きく受ける天候になる。

問１．文章中の（ a ）～（ e ）に当てはまる語句は何ですか，それぞれ答えなさい。

a（　　　）　b（　　　）　c（　　　）　d（　　　）　e（　　　）

問２．下線部①について，このとき発達する雲は何といいますか，次の(ア)～(エ)から１つ選び，記号で答えなさい。（　　　）

(ア) 巻層雲　(イ) 高層雲　(ウ) 積乱雲　(エ) 層積雲

問３．下線部②について，日本付近にやってくる台風の特徴として誤っているものはどれですか，次の(ア)～(オ)からすべて選び，記号で答えなさい。（　　　）

(ア) 台風の周囲の等圧線は同心円状に分布し，前線をともなう。

(イ) フィリピンの沖合など高温多湿の海上で発達する。

(ウ) 最大風速が毎秒 17.2m 以上の温帯低気圧を台風と呼ぶ。

(エ) 直径 20km から 100km くらいの「目」とよばれる雲のない領域が存在するものが多い。

(オ) 台風を真上から見ると，地表付近の風は台風の中心から反時計回りの方向にふき出している。

問４．下線部③について，日本の冬の天気を述べたものとして正しいものはどれですか，次の(ア)～(エ)から１つ選び，記号で答えなさい。（　　　）

(ア) 日本海側も太平洋側も空気は乾燥し，雪はほとんど降らない。

(イ) 日本海側では大量の雪が降る一方，太平洋側では水分が少ない風がふくので，雪はほとんど降らない。

(ウ) 太平洋側では大量の雪が降る一方，日本海側では水分が少ない風がふくので，雪はほとんど降らない。

(エ)　日本海側も太平洋側も，大量の雪が降る。

問5．次の天気図AおよびBはどの季節のものですか，下の(ア)〜(エ)から最も適切なものをそれぞれ1つずつ選び，記号で答えなさい。A（　　　）　B（　　　）

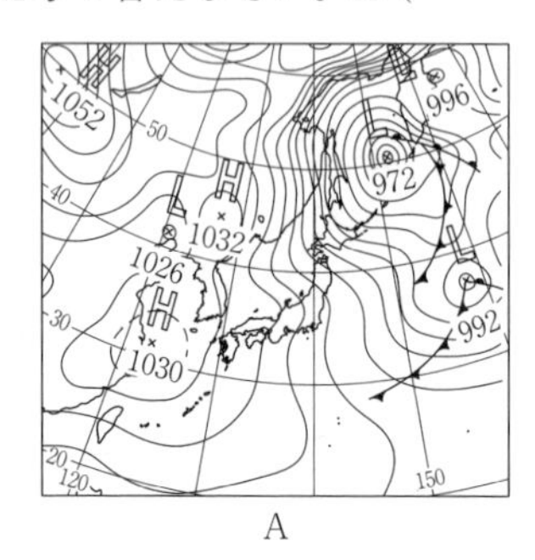

A

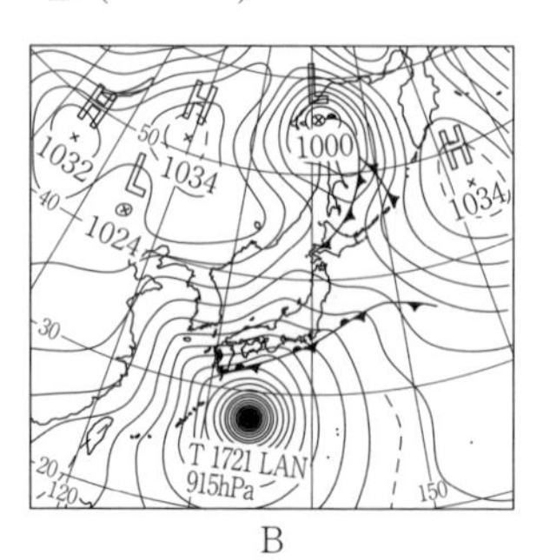

B

(ア)　春　　(イ)　夏　　(ウ)　秋　　(エ)　冬

15　図1〜3は，梅雨，夏，冬の時期の日本付近の天気図である。以下の問いに答えなさい。

（金光大阪高）

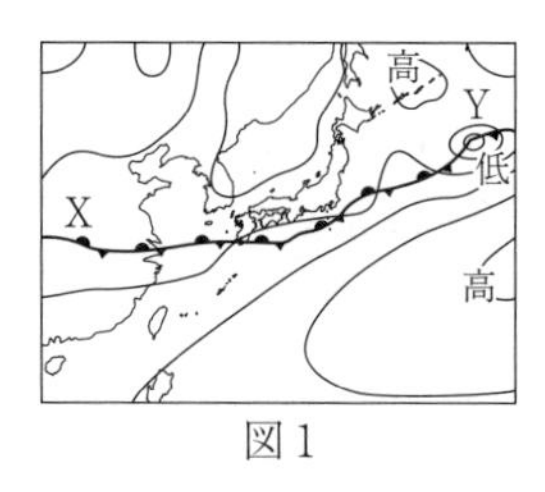

図1

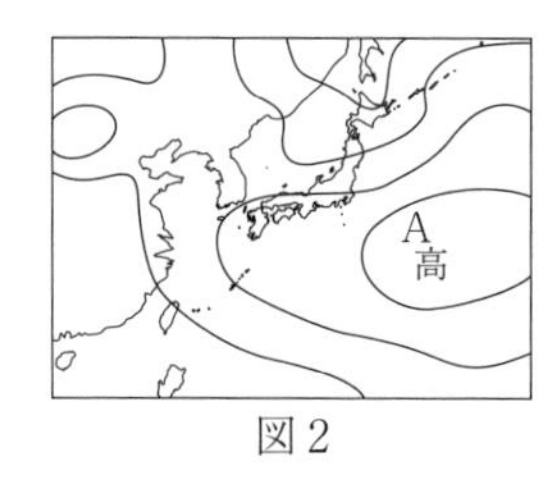

図2

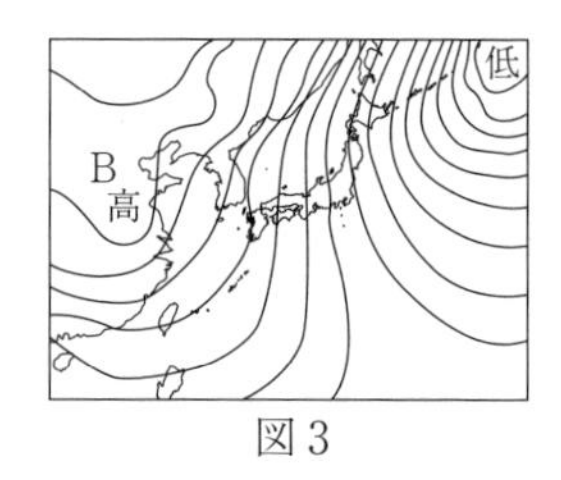

図3

(1)　図1のX―Yで表された前線を何というか。またその前線ができる過程について適当なものを，次のア〜オから一つ選び，記号で答えなさい。前線名（　　　）　過程（　　　）

ア　冷たい気団があたたかい気団を押し上げてできる。

イ　あたたかい気団が冷たい気団を押し上げてできる。

ウ　冷たい気団があたたかい気団の上にはい上がってできる。

エ　あたたかい気団が冷たい気団の上にはい上がってできる。

オ　あたたかい気団と冷たい気団が同じくらいの強さで接したときにできる。

(2)　図2，3に示された高気圧A，Bをつくる大規模な大気のまとまりを何というか。名称を答えなさい。また，その特徴を表すものとして適当なものを，次のア〜エからそれぞれ一つ選び，記号で答えなさい。A（　　　）（　　）　B（　　　）（　　）

ア　高温・乾燥　　イ　高温・湿潤　　ウ　低温・乾燥　　エ　低温・湿潤

(3)　図3の天気図は冬によく見られる。このような冬型の気圧配置のことを何というか。（　　　）

5 身のまわりの物質

中1・2の復習

§1．物質の性質

1　4種類の固体物質A～Dがある。これらを用いていくつかの実験を行い，その結果を次に示した。これより，あとの問いに答えよ。　(大阪体育大学浪商高)

（実験1）　固体A～Dを水に入れ，溶けるかどうか試したところ，AとBは良く溶け，Cは少し溶けた。Dの見た目には変化がなかった。

（実験2）　固体AとCを加熱したところ，どちらも気体が発生したが，Aが焦げたように黒っぽく変色したのに対して，Cは色の変化があまり見られなかった。

（実験3）　固体CとDを塩酸に入れたところ，どちらも気体を発生しながら溶けた。

(1)　固体A～Dは，具体的にどのような物質と考えられるか。最も適当と考えられる組み合わせを右の表から選び，記号で答えよ。(なお，表中の重そうは炭酸水素ナトリウムのことである。)（　　）

	A	B	C	D
ア	砂糖	重そう	食塩	鉄
イ	食塩	砂糖	鉄	重そう
ウ	鉄	砂糖	食塩	重そう
エ	砂糖	食塩	重そう	鉄
オ	重そう	鉄	砂糖	食塩
カ	食塩	重そう	鉄	砂糖

(2)　固体Aのように，加熱すると焦げて炭になったりするような物質を有機物というが，その仲間として適当なものを，次の中からすべて選び記号で答えよ。（　　）

ア．デンプン　　イ．ガラス　　ウ．銅　　エ．プラスチック　　オ．水

(3)　実験2で，固体Cを十分に加熱したあとの物質について，その性質として適当なものを次の中からすべて選び記号で答えよ。（　　）

ア．水にはほとんど溶けない

イ．水にはよく溶ける

ウ．水に入れ，フェノールフタレイン液を加えると，濃い赤色に変色する

エ．水に入れ，フェノールフタレイン液を加えると，わずかに変色しうすい赤色になる

(4)　実験で発生した次の気体について，その性質として適当なものをあとから1つ選び，それぞれ記号で答えよ。

①　実験2で固体Cから発生した気体（　　）

②　実験3で固体Dから発生した気体（　　）

ア．水には溶けにくく，この気体中ではものがよく燃える

イ．水には少し溶け，石灰水に通すと石灰水を白くにごらせる

ウ．刺激臭があり，水溶液は赤色リトマス試験紙を青色に変える

エ．空気より軽く，火を近づけると音をたてて爆発する

2 北陽さんは，さまざまな物質の密度について実験や調べ学習を行った。次のⅠ，Ⅱについて，あとの問いに答えなさい。　(関西大学北陽高)

Ⅰ　一辺が2cmの立方体Xがある。この立方体Xを観察すると，特有の光沢があったので，立方体Xは金属であると判断した。電子てんびんで質量を測定すると，72gであった。また，表1のような金属の密度についての資料をみつけた。

表1

金属	密度〔g/cm^3〕
鉄	7.87
アルミニウム	2.70
金	19.3
銅	8.96
鉛	11.3

(1) 下線部の“特有の光沢”のほかに，すべての金属に共通する性質として正しいものを次のア～オから3つ選び，記号で答えなさい。(　　)(　　)(　　)

ア　電気をよく通す。　イ　熱をよく伝える。　ウ　磁石につく。
エ　塩酸に入れると二酸化炭素が発生する。　オ　たたくとひろがる。

(2) 表1より，立方体Xはどの金属でできたものだと考えられますか。最も適当なものを次のア～オから1つ選び，記号で答えなさい。(　　)

ア　鉄　イ　アルミニウム　ウ　金　エ　銅　オ　鉛

(3) 図1は，金と鉄の質量と体積の関係を表したグラフである。鉄を表しているのは図中の金属A，Bのどちらですか。AまたはBで答えなさい。(　　)

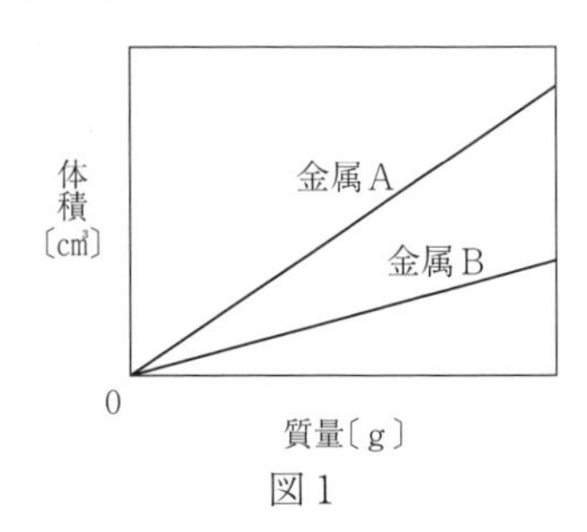

図1

Ⅱ　北陽さんは，物質の密度について表2のような資料をみつけ，次の実験操作を行った。ただし，実験はすべて20℃で行ったものとする。

操作1：十分な量の水が入ったビーカーにポリスチレンでできたブロックを入れた。

操作2：操作1のビーカーに塩化ナトリウムを加え，塩化ナトリウムの飽和水溶液をつくった。

操作3：操作2のビーカーに十分な量の食用油を入れた。

表2

物質	密度〔g/cm^3〕
ポリスチレン	1.06
水	1.00
食用油	0.91
塩化ナトリウムの飽和水溶液	1.20

※密度はすべて20℃での値である。

(4) 操作1，2について，ポリスチレンでできたブロックがビーカー内の液体に浮くか沈むかを観察した。観察した結果として，正しい組み合わせを右のア～エから1つ選び，記号で答えなさい。(　　)

	操作1	操作2
ア	浮いた	浮いた
イ	浮いた	沈んだ
ウ	沈んだ	浮いた
エ	沈んだ	沈んだ

(5) 操作3のビーカーを観察すると，液体は2層に分かれた。このときブロックはどこに存在しているか。次のア～オから1つ選び，記号で答えなさい。(　　)

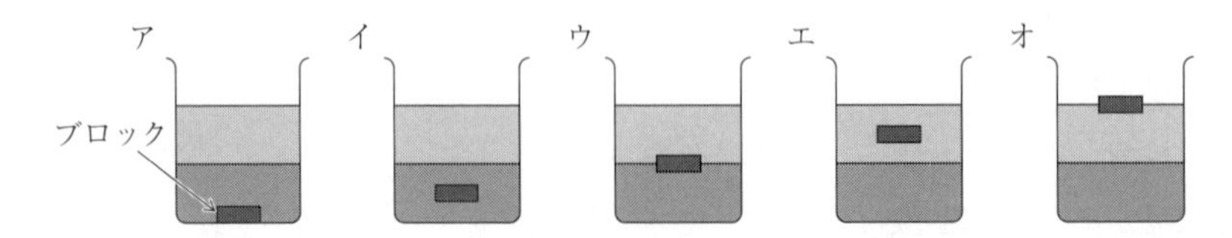

3 体積が20cm^{3}の立方体の物体A～Eがあります。まず，これらの質量をそれぞれ量りました。次に，それぞれの物体で金属光沢を調べました。次の表1は，その結果をまとめたものです。以下の問いに答えなさい。 (大阪緑涼高)

表1

	A	B	C	D	E
質量(g)	53.8	49.6	18.0	157.1	178.6
金属光沢	ある	ない	ない	ある	ある

(1) 下線部について，測定には図のような装置を用いました。この装置の名称を答えなさい。(　　　)

(2) 図中にあるXの名称を答えなさい。(　　　)

(3) Xを使用するときにはピンセットを使う必要があります。その理由として適切なものを次の(ア)～(エ)から2つ選び，記号で答えなさい。

図

X

皿

(ア) Xをさびさせないようにするため

(イ) Xの密度を変化させないようにするため

(ウ) Xの質量を変化させないようにするため

(エ) Xの体積を変化させないようにするため

(4) 物体A～Eについて，**金属ではないもの**をすべて選び，またその総称を答えなさい。

記号(　　　)　総称(　　　)

(5) 金属の性質として，**誤っているもの**を次の(ア)～(オ)から2つ選び，記号で答えなさい。

(　　　)(　　　)

(ア) 熱を通す　(イ) 磁石につく　(ウ) たたくと広がる　(エ) 燃やすと炭になる

(オ) 電気を通す

(6) 物体A～Eを同じ質量にして比べたとき，体積が最も大きくなるものはどれですか。記号で答えなさい。(　　　)

(7) 物体Cの密度を求め，その単位も正しく書きなさい。(　　　)

(8) 物体Dは，表2の5種類の物質のいずれかです。どの物質からできているか，1cm^{3}あたりの質量を参考にして答えなさい。(　　　)

(9) 表2の5種類の物質のうち，融点が最も低いものを答えなさい。(　　　)

(10) 表2より，1cm^{3}あたりの質量を参考にして銀336.0gの体積を求めなさい。(　　　cm^3)

表2

物質	1cm^{3}あたりの質量
銅	8.93g
アルミニウム	2.69g
鉄	7.86g
銀	10.50g
水銀	13.55g

§2．気体の性質

4　太田さんが気体の性質を調べるために実験をして表1のようにまとめましたが，A～Eがどの気体か，わからなくなってしまいました。あとの問いに答えなさい。ただし，調べた気体は，窒素・水素・酸素・アンモニア・二酸化炭素のいずれかであることがわかっています。　**(追手門学院高)**

表1

	A	B	C	D	E
気体の捕集方法	①	②	下方置換	③	④
水への溶けやすさ	ほとんど溶けない	ほとんど溶けない	わずかに溶ける	ほとんど溶けない	非常によく溶ける
空気の質量との比較	ほぼ同じ	ほぼ同じ	空気より重い	空気より軽い	空気より軽い
におい	なし	なし	なし	なし	刺激臭

(1)　アルミニウムに塩酸を加えたときに発生する気体は，A～Eのうちどれですか。A～Eから1つ選び記号で答えなさい。また，その化学式を答えなさい。記号(　　　)　化学式(　　　)

(2)　炭酸水素ナトリウムを加熱したときに発生する気体は，A～Eのうちどれですか。A～Eから1つ選び記号で答えなさい。また，そのときの化学反応式を書きなさい。

記号(　　　)　化学反応式(　　　　　　　　　　)

(3)　気体の捕集方法の①～④のうち，1つだけ他の捕集方法と異なります。その異なる捕集方法を，①～④から1つ選び番号で答えなさい。さらに，その捕集方法の名前を答えなさい。

番号(　　　)　捕集方法(　　　)

(4)　二酸化炭素を判断する方法としてふさわしいものを，ア～エから1つ選び記号で答えなさい。(　　　)

ア　フェノールフタレインを溶かした水溶液に通す　　イ　石灰水に通す

ウ　ベネジクト液に通す　　エ　デンプン水溶液に通す

(5)　表1から見分けることが難しい気体が2つあります。その2つの気体を見分ける方法を，簡潔に説明しなさい。

(　　　　　　　　　　　　　　　　　　　　)

(6)　A～Dの気体が水に溶ける量はわずかですが，これらのうち，気体Eを事前に水に溶かしておくと，その溶ける量が大きく増加するものがあります。その気体の化学式を答えなさい。(　　　)

(7)　(6)において，下線部のようになる理由を説明した文中の(　　)に適する語句を答えなさい。

ⅰ(　　　)　ⅱ(　　　)　ⅲ(　　　)

気体Eは，水に溶けると(　ⅰ　)性を示すことから，(　ⅱ　)性の気体と(　ⅲ　)反応することにより，水に溶ける量が増加することとなる。

(8)　酸素を発生させる方法として，うすい水酸化ナトリウム水溶液の電気分解があります。この反応の化学反応式を答えなさい。(　　　　　　　　　　)

(9)　(8)のとき，酸素は電源装置の正極につないだ極（X）と負極につないだ極（Y）のどちらから発生しますか。記号で答えなさい。(　　　)

5 次の実験について，あとの問いに答えよ。 (京都文教高)

〔実験1〕

図1のように，塩化アンモニウムと水酸化カルシウムの混合物を試験管に入れ，ガスバーナーで加熱し，発生した気体を丸底フラスコに集めた。

〔実験2〕

実験1で気体を集めた丸底フラスコを用いて図2のような装置を組み立てた。スポイトの水を丸底フラスコの中に入れると，フェノールフタレイン液を加えたビーカーの水が，勢いよく丸底フラスコの中に吹き上がった。吹き上がった水は色が付いていた。

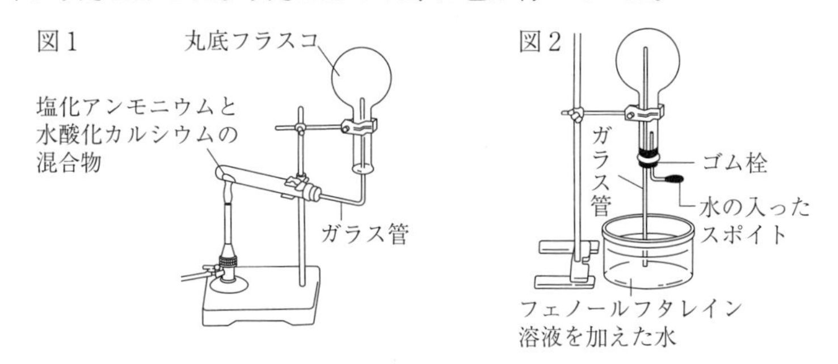

(1) 実験1で用いた気体の集め方を何というか。次の①～③から一つ選べ。(　　　)

① 水上置換法　② 上方置換法　③ 下方置換法

(2) 実験2で丸底フラスコの中に吹き上がった水は何色になったか。次の①～⑤から一つ選べ。

(　　　)

① 青　② 赤　③ 黄　④ 緑　⑤ 青紫

(3) 実験2で丸底フラスコの中に水が吹き上がったのはなぜか。適する理由を次の①～⑦から一つ選べ。(　　　)

① 発生した気体は空気より軽いから　② 発生した気体は空気より重いから

③ 発生した気体が水に溶けたから　④ 発生した気体が水に溶けなかったから

⑤ 発生した気体がアルカリ性だから　⑥ 発生した気体が中性だから

⑦ 発生した気体が酸性だから

(4) 発生した気体の性質として適するものを次の表中の組み合わせ①～⑧から一つ選べ。(　　　)

①	空気より重い	水に溶けやすい	無色の気体である
②	空気より重い	水に溶けやすい	色のついた気体である
③	空気より重い	水に溶けにくい	無色の気体である
④	空気より重い	水に溶けにくい	色のついた気体である
⑤	空気より軽い	水に溶けやすい	無色の気体である
⑥	空気より軽い	水に溶けやすい	色のついた気体である
⑦	空気より軽い	水に溶けにくい	無色の気体である
⑧	空気より軽い	水に溶けにくい	色のついた気体である

(5) 試験管から発生した気体は何か。次の①～⑥から一つ選べ。(　　　)

① 塩素　② 塩化水素　③ 二酸化炭素　④ 水素　⑤ アンモニア　⑥ 酸素

§３．水溶液の性質

6　７つのビーカーにA～Gの水溶液が入っている。それぞれの性質を調べるために実験を行った。あとの問いに答えなさい。　(綾羽高)

A：食塩水　B：砂糖水　C：塩酸　D：炭酸水　E：アンモニア水　F：石灰水
G：水酸化ナトリウム水溶液

(1)　それぞれの水溶液を蒸発皿にとり，ガスバーナーで蒸発させると，何も残らなかった水溶液がある。その水溶液をA～Gよりすべて選び，記号で答えなさい。(　　　)

(2)　Dの水溶液を試験管に入れて加熱すると気体が大量に発生した。その気体の名称を何というか，答えなさい。(　　　)

(3)　(2)で発生した気体をA～Gの水溶液に通した際に，白く濁る水溶液があった。その水溶液をA～Gより１つ選び，記号で答えなさい。(　　　)

(4)　CとGの水溶液にアルミニウムを入れると気泡が発生した。発生した気体の名称を何というか，答えなさい。(　　　)

7　水溶液の性質に関して，次の問い(1)～(4)に答えなさい。　(早稲田摂陵高)

(1)　100gの水に25gの砂糖をすべて溶かしたとき，溶液の質量は何gですか。また，この溶液の質量パーセント濃度は何％ですか。溶液の質量(　　　g)　質量パーセント濃度(　　　％)

(2)　質量パーセント濃度が11％の砂糖水300gには，砂糖は何g溶けていますか。(　　　g)

(3)　水520gに砂糖80gを完全に溶かしてできた砂糖水Aと，水440gに砂糖60gを完全に溶かしてできた砂糖水Bがあります。次の問い①，②に答えなさい。

①　砂糖水Aと砂糖水Bはどちらの方が濃いですか。(　　　)

②　砂糖水Bに水を100g加えてよくかき混ぜました。この溶液の質量パーセント濃度は何％ですか。(　　　％)

(4)　表は，それぞれの温度の水100gに溶ける硝酸カリウムの最大の質量を示したものです。あとの問い①～③に答えなさい。

温度[℃]	20	30	40
硝酸カリウム[g]	32.0	46.0	64.0

①　40℃の水200gに硝酸カリウムを溶けるだけ溶かし20℃に冷やすと，何gの硝酸カリウムが出てきますか。(　　　g)

②　①のとき，上ずみ液の質量パーセント濃度は何％ですか。小数第２位を四捨五入し，小数第１位まで答えなさい。(　　　％)

③　30℃の硝酸カリウム飽和水溶液1000gを加熱して，水を200g蒸発させてから再び30℃に冷やしました。このとき，何gの硝酸カリウムが出てきますか。(　　　g)

8 右の表は，各温度における塩化ナトリウムと硝酸カリウムの，水100gに対する溶解度を示したものである。これについて，下の問いに答えなさい。ただし，答えが割り切れないときには小数第2位を四捨五入し，小数第1位まで答えなさい。

温度(℃)	20	40	60
塩化ナトリウム(g)	35.8	36.3	37.0
硝酸カリウム(g)	31.6	63.9	109.2

（大阪偕星学園高）

(1) 60℃において，水50gに溶かすことができる塩化ナトリウムの質量（g）を求めなさい。

（　　　g）

(2) 60℃における，塩化ナトリウム飽和水溶液の質量パーセント濃度（%）を求めなさい。

（　　　%）

(3) 60℃において，水50gに硝酸カリウムを溶けるだけ溶かした。この水溶液の質量（g）を求めなさい。（　　　g）

(4) (3)の水溶液を20℃に冷却したところ，水溶液中に硝酸カリウムが析出した。

① 析出した硝酸カリウムを取り出すのに，最も適した方法を次のア～エより選び，記号で答えなさい。（　　　）

ア　下方置換　　イ　再結晶　　ウ　抽出　　エ　ろ過

② 析出した硝酸カリウムの質量（g）を求めなさい。（　　　g）

(5) 20℃の硝酸カリウム飽和水溶液が100gある。この水溶液から水を20g蒸発させ，再び20℃に戻した。このとき，析出する硝酸カリウムの質量（g）として最も適当なものを次のア～オより選び，記号で答えなさい。（　　　）

ア　約3g　　イ　約6g　　ウ　約9g　　エ　約12g　　オ　約15g

9 右のグラフはさまざまな物質の溶解度曲線である。以下の問いに答えなさい。なお，計算で割り切れないときは四捨五入し，整数で答えなさい。（履正社高）

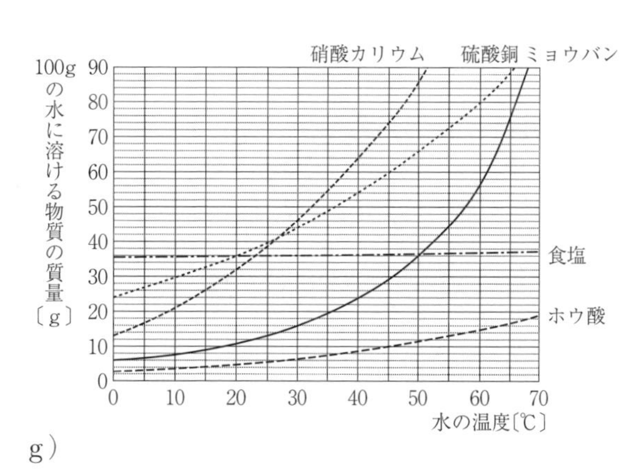

(1) 水に硫酸銅を溶かし，45℃の硫酸銅の飽和水溶液200gを作りたい。必要な硫酸銅は何gか。（　　　g）

(2) (1)の飽和水溶液を25℃まで冷やすと何gの結晶が溶け切れずに出てくるか。（　　　g）

(3) (2)のときの質量パーセント濃度は何%か。（　　　%）

(4) (2)のように一度溶かした溶質を，冷やすことによって取り出す操作を何というか。（　　　）

(5) (4)の操作を50℃から20℃にかけて行うとき，もっとも多くの結晶が生じる物質はグラフの5つの物質のうちどれか。（　　　）

§４．状態変化

10　図１は，氷を加熱して状態変化するときの時間と温度の関係を表した図です。あとの問いに答えなさい。　　　　　　　　　　　　　　　　　　　　　　　　　　　　　　　　　　　（羽衣学園高）

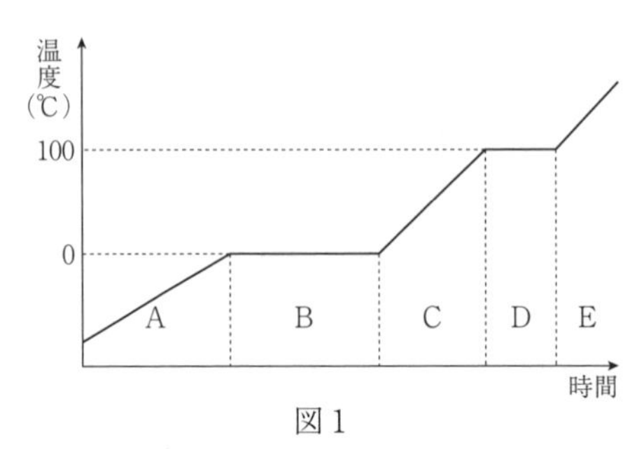

図１

問１　物質が固体から液体に状態変化するときの温度を①〔　　〕といい，物質が液体から気体に状態変化するときの温度を②〔　　〕という。空らん①〔　　〕，②〔　　〕に当てはまる語句を漢字で答えなさい。①（　　　）　②（　　　）

問２　図中のB，Dにおける物質の状態を，次のア～カからそれぞれ選び，記号で答えなさい。

B（　　　）　D（　　　）

ア　気体

イ　液体

ウ　固体

エ　気体と液体の混じった状態

オ　液体と固体の混じった状態

カ　気体と固体の混じった状態

問３　表１は，物質の①〔　　〕，②〔　　〕を表した表である。90℃でのエタノール，ナフタレンの状態をア～ウから選び，記号で答えなさい。同じ記号を用いてもかまいません。

エタノール（　　　）　ナフタレン（　　　）

表１

物質	①〔　　〕(℃)	②〔　　〕(℃)
水	0	100
エタノール	− 115	78
ナフタレン	81	218
酸素	− 218	− 183
食塩	801	1413

ア　気体　　イ　液体　　ウ　固体

問４　赤ワインの主な成分はエタノールと水です。赤ワインからなるべく純粋なエタノールを取り出すにはどうすればよいですか。簡単に説明しなさい。

（　　　　　　　　　　　　　　　　　　　　　　　　　　　　　　　　　）

11　物質は加熱したり，冷却したりすることで固体，液体，気体と状態が変化します。温度による物質の変化を調べるために，実験Ⅰ・Ⅱを行いました。次の問いに答えなさい。　（阪南大学高）

【実験Ⅰ】　液体のロウをビーカーに入れ図1のように液面の高さに油性ペンで印をつけた後，液体のロウを入れたビーカーごと質量をはかった。その後，静置してロウを固体に変化させ，再び質量をはかったところ，質量の変化はなかった。

液面の印
液体のロウ
電子てんびん

図1

【実験Ⅱ】　図2のように，枝付きフラスコに水とエタノールの混合物を入れて加熱した。次に，発生した気体を再び冷却し，試験管に集めた。図3は温度と加熱時間との関係を表したものである。

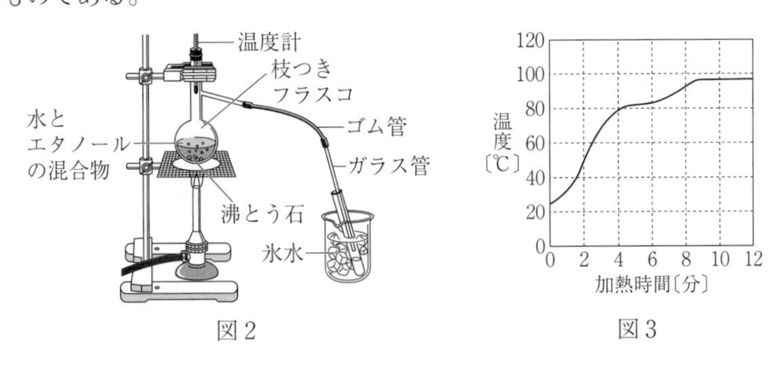

図2　　図3

(1)　【実験Ⅰ】の結果，固体に変化したロウの様子として最も適切なものを，次のア～エから選び，記号で答えなさい。(　　　)

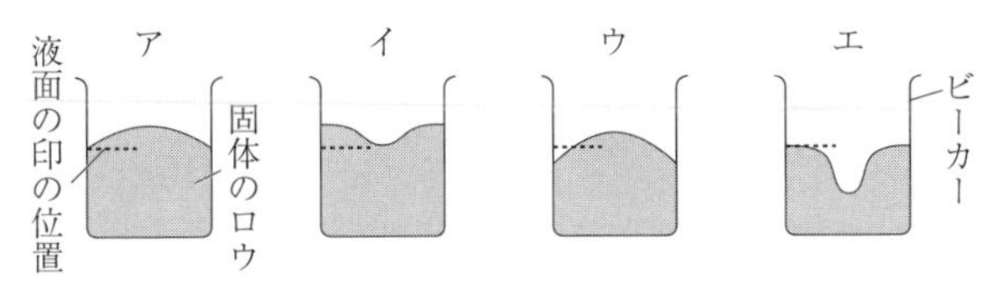

(2)　【実験Ⅰ】と同じ操作を水で行いました。水が冷却され氷になると体積と密度はどのようになりますか。最も適切なものを，次のア～ウからそれぞれ選び，記号で答えなさい。

体積(　　　)　密度(　　　)

ア　大きくなる　　イ　変わらない　　ウ　小さくなる

(3)　【実験Ⅱ】のような混合物を分離する方法を漢字で答えなさい。(　　　)

(4)　(3)の方法は水とエタノールの何の違いを利用していますか。漢字で答えなさい。(　　　)

(5)　図3のグラフで，加熱を始めてから6分後に試験管に集まる液体について最も適切なものを，次のア～エから選び，記号で答えなさい。(　　　)

ア　純粋な水　　イ　純粋なエタノール　　ウ　水を多く含んだ，水とエタノールの混合物

エ　エタノールを多く含んだ，水とエタノールの混合物

(6)　水とエタノールの混合物の量を2倍にして【実験Ⅱ】を行いました。このとき，①気体が発生する温度，②気体が発生するまでにかかった加熱時間は，【実験Ⅱ】の結果と比べてどのようになりますか。最も適切なものを，次のア～ウからそれぞれ選び，記号で答えなさい。

①(　　　)　②(　　　)

ア　大きくなる　　イ　小さくなる　　ウ　変わらない

6　光・音・力

中１・２の復習

§１．反射と屈折

1　物体を鏡に映したときの見え方について，以下の問いに答えなさい。　(天理高)

(1)　点ａに立てた鉛筆が鏡に映る様子を点ｂから見るとき，鏡のおくに見える鉛筆の像の位置は右の図１のア～ウのどれになりますか。最も適するものをア～ウから１つ選び，記号で答えなさい。

(　　　)

図１

鏡

a ●　　ア

イ

b ・　　ウ

(2)　図２のように，２枚の鏡を直角に置き，その前に鉛筆を置きました。このとき，鉛筆ごしに２枚の鏡を見ると，鏡には鉛筆の像を３つ見ることができました。図３のＣ，Ｄ，Ｅは鏡に映った鉛筆の像の位置を示しています。図３に関する文として適当でないものを下のア～ウから１つ選び，記号で答えなさい。(　　　)

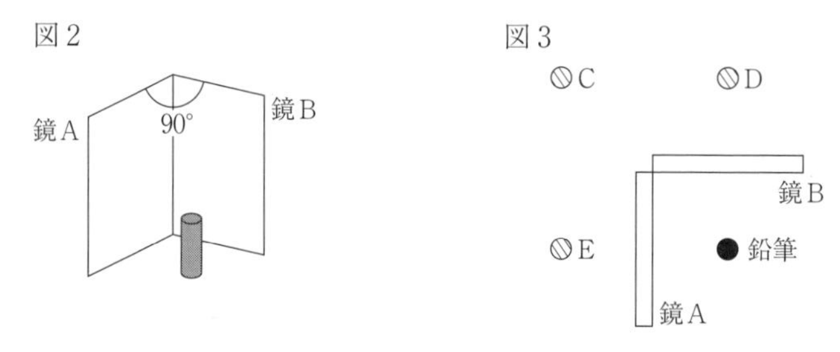

ア．像Ｃは，鉛筆から出た光が２回反射したもので，実物と左右が同じ向きに見える。

イ．像Ｄは，鉛筆から出た光が鏡Ｂで１回反射したもので，実物と左右が反対の向きに見える。

ウ．像Ｅは，鉛筆から出た光が鏡Ａで１回反射したもので，実物と左右が同じ向きに見える。

(3)　(2)の２枚の鏡の角度を45°にすると，鏡に映る鉛筆の像を最大いくつ見ることができますか。

(　　　個)

2　Ａくんは鏡の性質について調べました。以下の各問いに答えなさい。　(近江兄弟社高)

問１　光が物体にぶつかってはねかえることを何というか，**漢字**で答えなさい。(　　　)

問２　Ａくんが，鏡の前で図１のようなポーズをとったとき，鏡にはどのような像が現れますか。次のア～エより１つ選び，記号で答えなさい。(　　　)

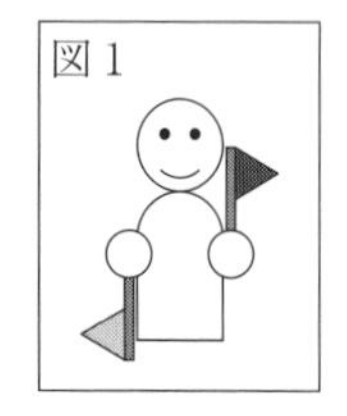

ア

イ

ウ
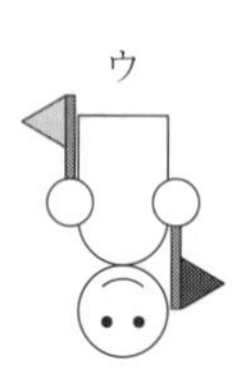

エ
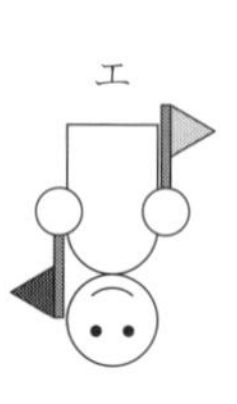

問3　図2のように鏡に光が入射したとき，光の道筋として正しいものを図2のア～エより1つ選び，記号で答えなさい。（　　　）

図2
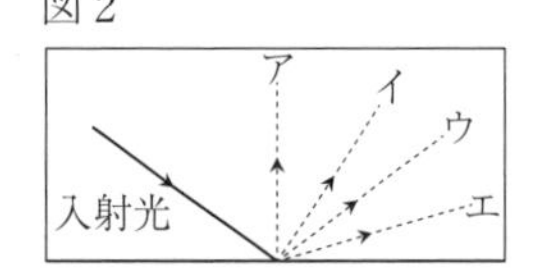

問4　図3のように，2枚の鏡を直角に配置し，光を入射させたとき，その後の光の道筋を書きなさい。

図3
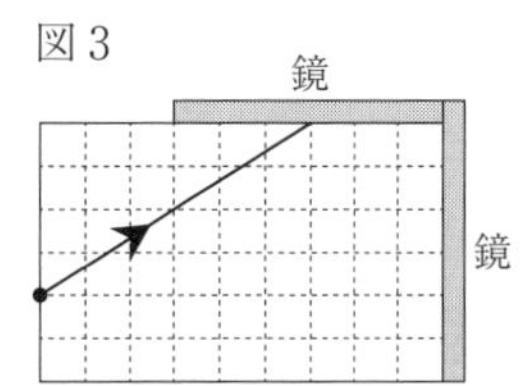

問5　図4のように，2枚の鏡を直角に配置し，点Xに物体を置き，点Pから観測しました。点Xに置いた物体の像は鏡にいくつ現れるか，数字で答えなさい。（　　　）

図4
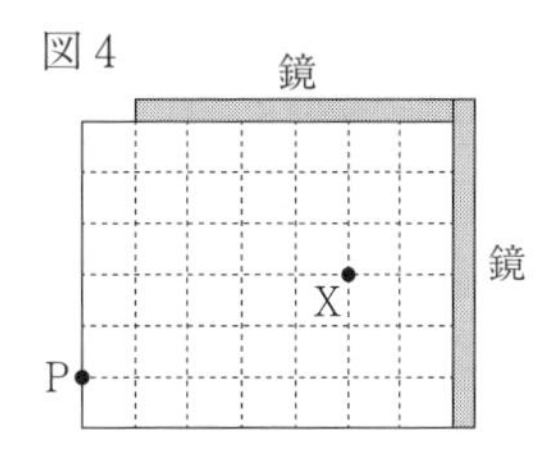

問6　直径20cmの手鏡を使い，50cm離れた図中の点Qから手鏡をのぞき込んだとき，鏡から100cm後方で見ることができる範囲の長さは何cmか，答えなさい。（　　　cm）

図5
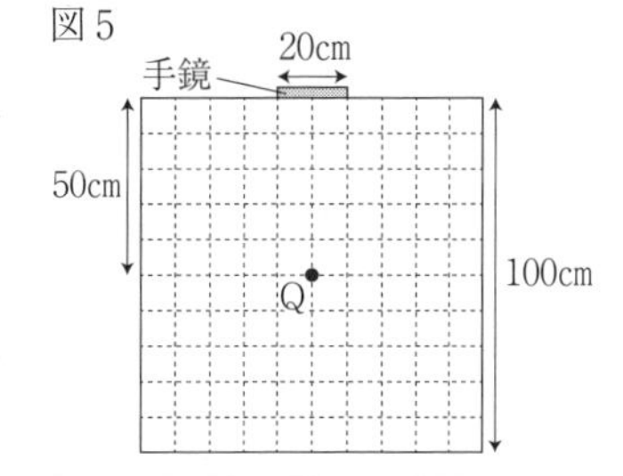

問7　問6と同じ手鏡を使って，鏡から1m後方の地点をもっと広い範囲で見たい場合，どうすればよいか，次のア～ウより1つ選び，記号で答えなさい。ただし，手鏡は自分とは平行に配置するものとします。（　　　）

ア　手鏡を自分より遠ざける。　　イ　手鏡を自分の方に引き寄せる。

ウ　手鏡を真横に動かす。

問8　Aくんの身長が160cmであるとして，Aくんの全身を映し出すのに必要な鏡の高さは最低何cmか，答えなさい。（　　　cm）

3　空のカップの底にある硬貨を見ようとしたが見えなかった。これは，図1のように硬貨から進む光がカップに遮(さえぎ)られるためである。そこでカップに水を注ぐと，硬貨が図2の点線で示した位置にあるように見えた。これは，光が水から空気に進むとき，光の進み方が変わるためである。このことを調べるために，水の代わりに半円形のガラスを用いて，光源装置から出た光が進むときのようすを調べた。図3は，そのときの光の道筋を示したものであるが，境界面の点Xを通りぬける光の道筋は示していない。　（樟蔭高）

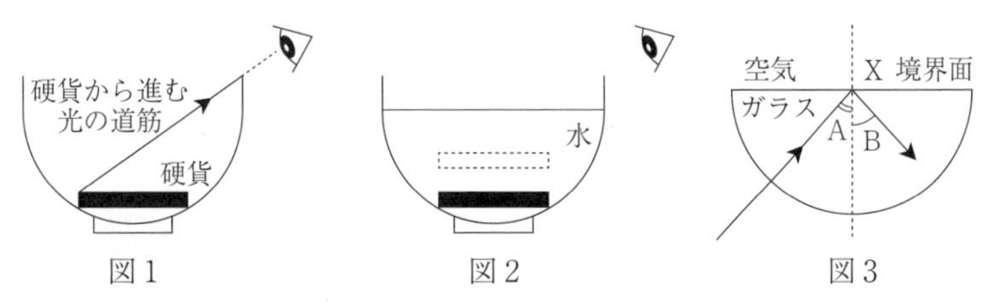

図1　　図2　　図3

(1)　下線部のことを，光の何というか。(　　　)

(2)　図3のAの角度を何というか。(　　　)

(3)　図3のAとBの角度の関係として正しいものを，次のア～ウから選べ。(　　　)

ア．A ＞ B　　イ．A ＝ B　　ウ．A ＜ B

(4)　図3で，光が点Xを通りぬけるようすとして適当なものを，次のア～ウから選べ。(　　　)

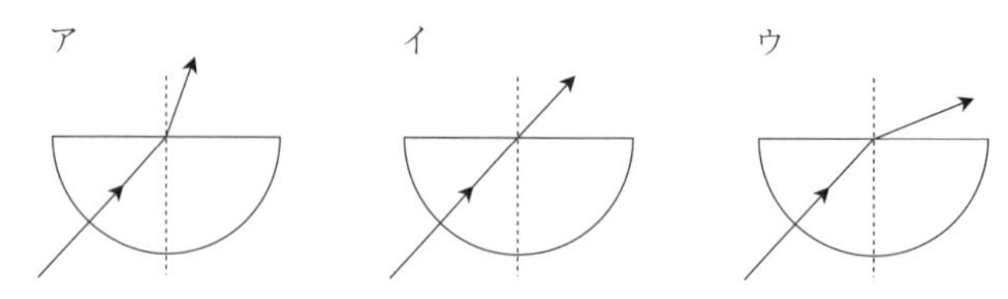

(5)　図3で，Aの角度を変化させると，点Xでは全ての光が反射した。このときのAの角度は，変化させる前と比べて「小さい」か，それとも「大きい」か。(　　　)

(6)　(5)のような現象を何というか。(　　　)

(7)　図2で，硬貨から進む光が，水から空気を通って目に届くまでの道筋を，解答欄の図に書き入れよ。ただし，図1のように硬貨の左端から進む光について書くものとする。

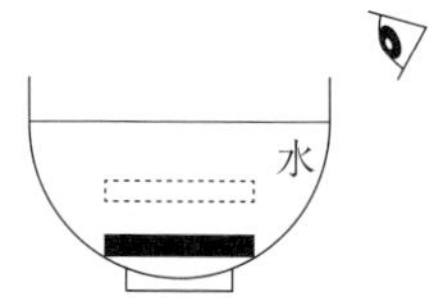

4　光が空気中からガラス中に，また逆に，ガラス中から空気中に進むときの屈折のようすは，図1と図2のようになります。このことをもとにして，あとの(1)，(2)の各問いに答えなさい。(仁川学院高)

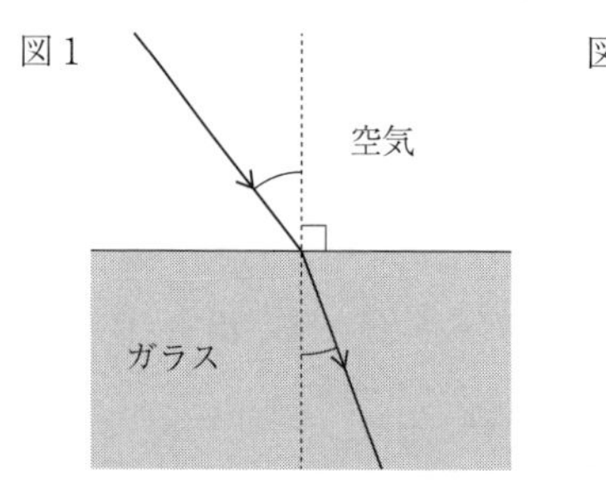

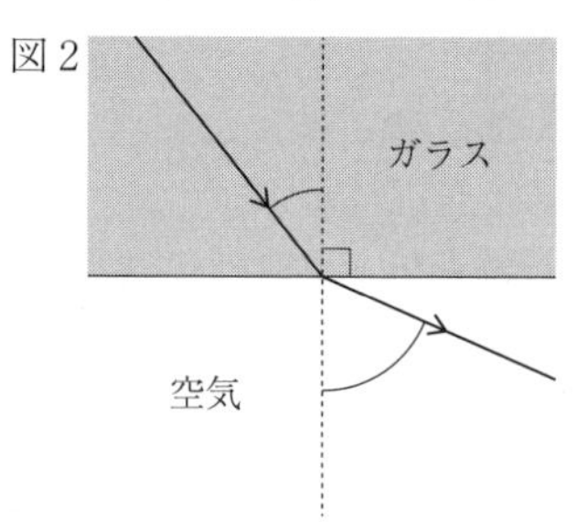

(1)　両面が平行なガラス中に光が進み，再び空気中に出ていくまでの光の道筋はどのようになりますか。次の1～4よりもっとも適当なものを選び，番号で答えなさい。(　　　)

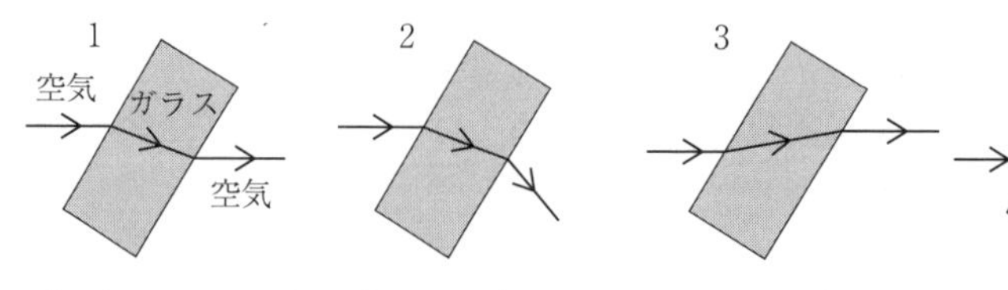

(2)　断面が三角形のガラスプリズム中に光が進み，再び空気中に出ていくまでの光の道筋はどのようになりますか。次の1～4よりもっとも適当なものを選び，番号で答えなさい。(　　　)

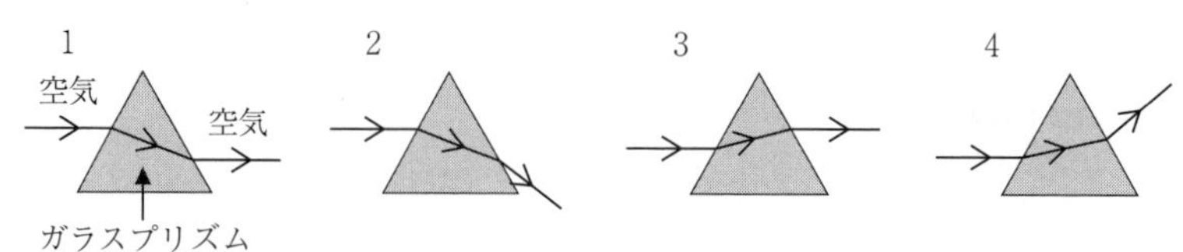

§2．凸レンズ

5　凸レンズを用いて次の実験を行いました。各問いに答えなさい。　(滋賀短期大学附高)

【実験】 図1のように，光学台に凸レンズを置き，物体，スクリーンを置いた。スクリーンの位置を調節すると，スクリーンに像が映った。その後，物体とスクリーンを動かし，物体と凸レンズまでの距離と凸レンズとスクリーンに映った像までの距離の関係を表1にまとめた。

図1

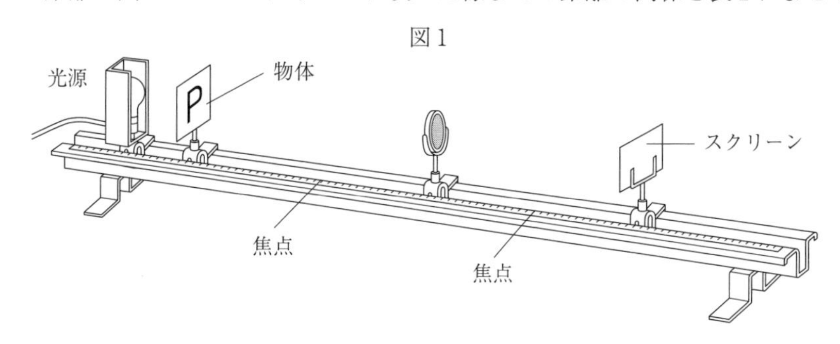

表1

物体から凸レンズまでの距離[cm]	20.0	25.0	30.0	35.0	40.0	45.0
凸レンズから像までの距離[cm]	60.0	37.5	30.0	26.3	24.0	22.5

(1)　物体から出て凸レンズを通過し，スクリーンに達した光は，空気と凸レンズの境界で進む向きを変えます。このように，光が異なる物質どうしの境界へ進むとき，境界の面で光が曲がる現象を何といいますか。漢字で答えなさい。(　　　)

(2)　凸レンズを通る光のうち，凸レンズの中心を通った光はどのように進みますか。次のア〜ウの中から1つ選び，記号で答えなさい。(　　　)

ア　反対側の焦点を通る　　イ　そのまま直進する　　ウ　凸レンズの軸に平行に進む

(3)　実験でスクリーンに映った像を何といいますか。(　　　)

(4)　この凸レンズの焦点距離は何cmですか。(　　　cm)

(5)　スクリーンに像が映っているときに，凸レンズの上半分を黒い紙でかくすと，像はどのようになりますか。次のア〜エの中から1つ選び，記号で答えなさい。(　　　)

ア　像の上半分が消える　　イ　像の下半分が消える　　ウ　像全体が消える

エ　像全体が暗くなる

(6)　物体と凸レンズまでの距離が一定以上に短くなると，スクリーンを調節しても像が映らなくなりました。しかし，スクリーン側から凸レンズを見ると像が見えました。このとき見えた像はどのような像ですか。次のア〜エの中から1つ選び，記号で答えなさい。(　　　)

ア　上下左右がさかさまで，実物よりも大きい

イ　上下左右がそのままで，実物よりも大きい

ウ　上下左右がさかさまで，実物よりも小さい

エ　上下左右がそのままで，実物よりも小さい

6 物体を光学台に固定し，凸レンズ，スクリーンの位置を動かし，スクリーン上に映る像の様子について，太郎さんと花子さんが会話をしています。凸レンズA，凸レンズB，スクリーンは水平方向に自由に移動でき，スクリーンの位置は常にレンズをはさんで物体の反対側にあるものとします。太郎さんと花子さんの会話を読んで次の各問いに答えなさい。　**(大阪産業大附高)**

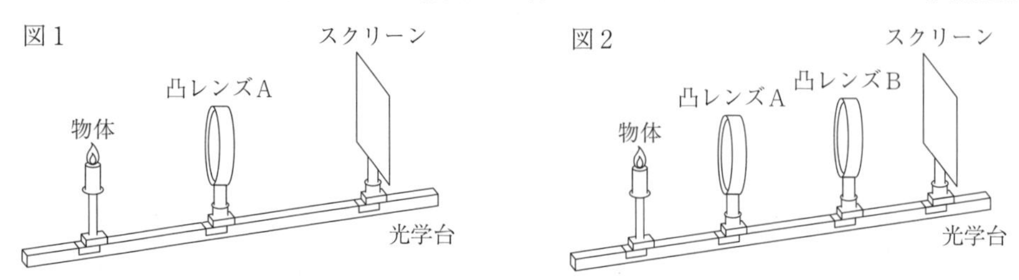

太郎：凸レンズに太陽光のような平行な光が当たると，光は屈折して一点に集まるんだ。この性質を使って黒色の紙の上に太陽光を集めてみよう。見て見て！　凸レンズAを黒色の紙から10cm離したところで，光が一点に集中して，紙は煙を出して焦げてしまったよ。

花子：ということは，この凸レンズAの焦点距離は（ あ ）cmだね。

太郎：次は，図1のように，この凸レンズAを使ってスクリーン上に像を映してみよう。物体から20cmのところに凸レンズAを置いてスクリーンの位置を調整すると，スクリーン上にはっきりと像が映ったよ。

花子：このとき，凸レンズAとスクリーンの距離は（ い ）cm，像の大きさは物体の大きさの（ う ）だね。(a)<u>スクリーン上に映っている像</u>は上下左右逆さまになっていて不思議！　もし，凸レンズAとスクリーンの間に凸レンズBを置いたらどうなるだろう？

太郎：凸レンズAと凸レンズBを組み合わせると，上下左右同じ向きのまま(b)<u>スクリーン上にはっきりとした像</u>を映すことができるんだ。例えば，図2のように，物体，凸レンズA，凸レンズB，スクリーンを配置して位置を調整してやると…ほら！　スクリーン上に物体と同じ大きさの像がはっきりと映ったよ!!

(1) 空欄（ あ ），（ い ）に適する数字を入れなさい。(あ)(　　　)　(い)(　　　)

(2) 空欄（ う ）に入る語句として適するものはどれですか。次の(ア)～(オ)から一つ選び記号で答えなさい。(　　　)

(ア) 0.5倍　(イ) 1倍　(ウ) 1.5倍　(エ) 2倍　(オ) 2.5倍

(3) 下線部(a)，(b)について，スクリーンに映った像の名称として正しい組み合わせはどれですか。次の(ア)～(エ)から一つ選び記号で答えなさい。(　　　)

(ア) (a) 実像　(b) 実像　(イ) (a) 実像　(b) 虚像　(ウ) (a) 虚像　(b) 実像

(エ) (a) 虚像　(b) 虚像

(4) 図2で，物体，凸レンズA，凸レンズB，スクリーン間の距離を右の表1のように配置すると，スクリーン上に物体と上下左右同じ向きで同じ大きさの像がはっきりと映りました。このとき，凸レンズBの焦点距離は何cmですか。(　　　cm)

表1

物体と凸レンズA間の距離	20cm
凸レンズAと凸レンズB間の距離	50cm
凸レンズBとスクリーン間の距離	30cm

7　凸レンズを用いて，次の実験を行った。以下の問いに答えなさい。　　　　　　　　　　　　(金光大阪高)

【実験1】　凸レンズの軸に平行になるように，凸レンズの真正面から光を当てたところ，光は凸レンズを出るときに屈折して，①凸レンズの軸上の1つの点Oに集まった。凸レンズの中心から点Oまでの距離は10cmだった。

【実験2】　図1のように，【実験1】で用いた凸レンズ，電球，矢印が直交した形の穴が開いた物体，スクリーンを光学台に置き，スクリーン上に物体の像がはっきりと映る位置を調べたところ，表1の結果を得た。物体と凸レンズとの距離をa，凸レンズとスクリーンとの距離をbとする。

【実験3】　$a = 5$cmとしたとき，スクリーンをどこに動かしても像はできなかった。このとき，凸レンズをのぞくと②レンズの向こう側に像が見えた。

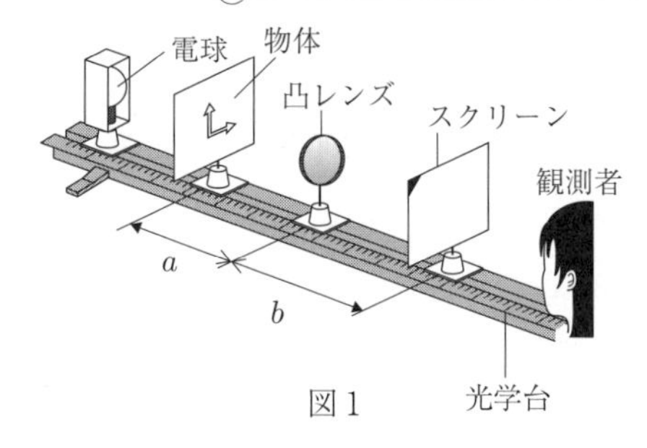

図1

結果	a(cm)	b(cm)
A	15	30
B	20	20
C	30	15

表1

(1)　下線部①の点Oを何というか。(　　　)

(2)　【実験2】のときにスクリーンに映った像は，図1に示された観測者から見るとどのように見えるか。適当なものを，次のア～エから一つ選び，記号で答えなさい。(　　　)

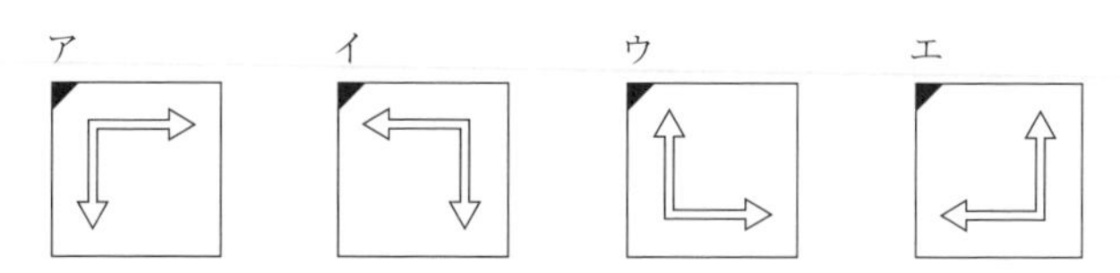

(3)　表1の結果A，B，Cで見られた像の大小関係について適当なものを，次のア～カから一つ選び，記号で答えなさい。(　　　)

ア　Aの像＞Bの像＞Cの像　　イ　Aの像＞Cの像＞Bの像
ウ　Bの像＞Aの像＞Cの像　　エ　Bの像＞Cの像＞Aの像
オ　Cの像＞Aの像＞Bの像　　カ　Cの像＞Bの像＞Aの像

(4)　下線部②のような像のことを何というか。また，このときの像の様子について，正しく述べたものを，次のア～エから一つ選び，記号で答えなさい。像(　　　)　像の様子(　　　)

ア　像は物体よりも大きく，像の上下左右は物体と同じ向きだった。
イ　像は物体よりも大きく，像の上下左右は物体と反対向きだった。
ウ　像は物体よりも小さく，像の上下左右は物体と同じ向きだった。
エ　像は物体よりも小さく，像の上下左右は物体と反対向きだった。

§3．音の性質

8　音と光の屈折について，次の問い（問1，2）に答えよ。　（京都外大西高）

問1　音程や大きさの異なる4種類の音を，オシロスコープで調べた。最も高い音と大きい音を表す波形はどれか。次の①～④のうちからそれぞれ一つずつ選べ。ただし，横軸は時間，縦軸は音の振幅を示し，すべてのグラフで，目盛幅は同じであるものとする。

高い音（　　　）　大きい音（　　　）

①
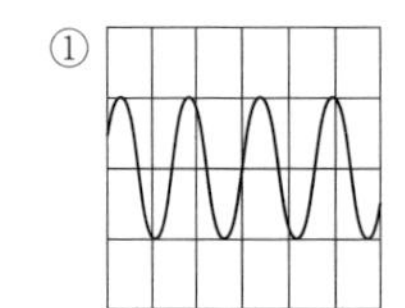
②
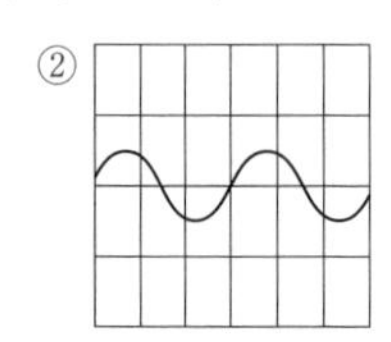
③
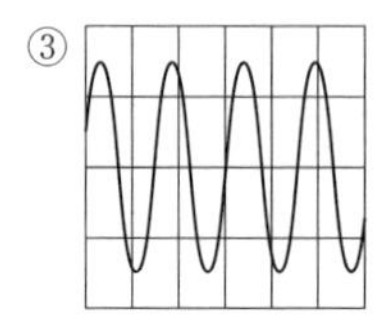
④
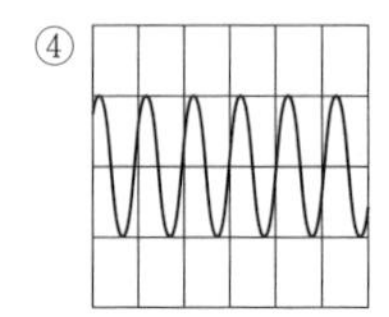

問2　ヒトが聞くことのできる音の振動数は，おおよそ20Hz～20000Hzの範囲である。振動数が20Hz以下のものはどれか。次の①～④のうちから**すべて**選べ。（　　　）

① 5秒間に90回振動する弦の振動数

② イルカが出す超音波の振動数

③ ドップラー効果で聞こえる救急車のサイレン音の振動数

④ アーティスティックスイミング（シンクロナイズドスイミング）の選手が聞く水中での音の振動数

9　次の文章を読み，あとの問いに答えなさい。　（関大第一高）

下の図は，条件を変えながらモノコードを弾き，出た音をマイクでひろってコンピュータ画面に音の波形を表したものです。モノコードの弦の太さを変えたり，弦の張り方を強くしたり弱くしたりすることで様々な波形のパターンが見られました。

ア
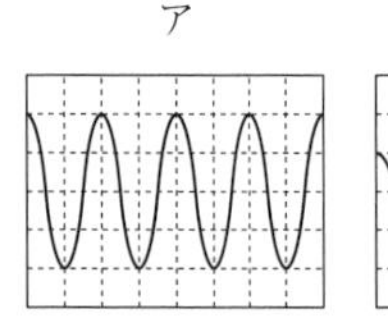
イ
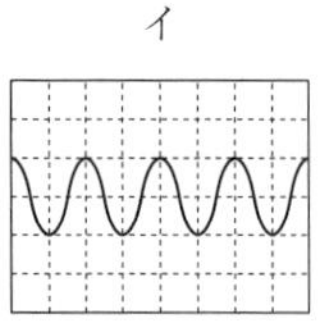
ウ
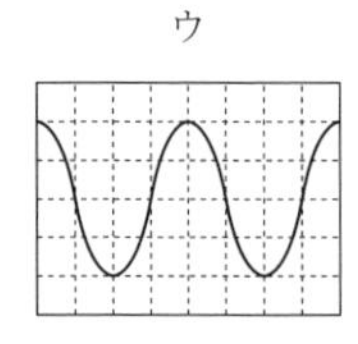
エ
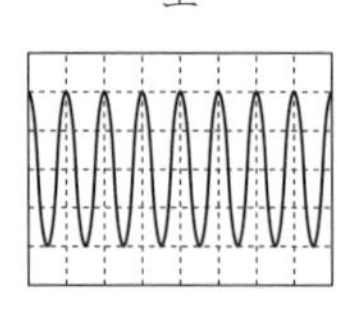
オ
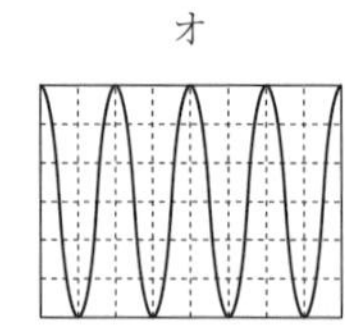

(1) 最も大きな音と考えられるのはどれですか。ア～オから1つ選び，記号で答えなさい。（　　　）

(2) 最も高い音と考えられるのはどれですか。ア～オから1つ選び，記号で答えなさい。（　　　）

(3) 最も弦の太さを太く，張り方を弱くしたときの音と考えられるのはどれですか。ア～オから1つ選び，記号で答えなさい。（　　　）

(4) 音について説明した文章で正しいものはどれですか。次のア～エから1つ選び，記号で答えなさい。（　　　）

ア　音は宇宙（真空状態）では伝わらない。

イ　音は水中では伝わらない。

ウ　音階が1オクターブあがると，振動数は8倍になる。

エ　空気中を伝わる音の速さは，光が進む速さとほぼ同じである。

10 音の性質を調べるために，4つの音さA～Dとモノコードを用意し，3つの実験を行いました。次の各問いに答えなさい。 （関西大倉高）

実験1　モノコードの弦の条件をいろいろ変えて弦をはじいたときの音の変化を調べました。

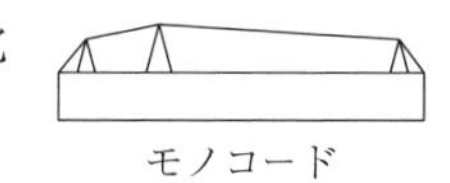

実験2　ノートパソコンにマイクを接続し，音さをたたいたときに出る音の振動を調べました。ただし，マイクと音さとの距離はすべて同じになるようにしました。

実験3　4つの音さから2つ選び，右の図のように向かい合わせて置き，片方の音さのみをたたいたとき，どうなるか調べました。

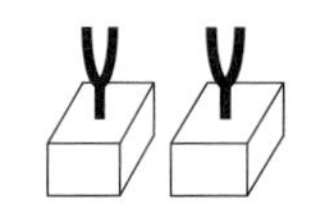

問1　次の文章中の（　　）に最も適当な用語を下の選択肢イ～ニから選び，その記号を答えなさい。ただし，同じ記号を2回以上用いてもよいものとします。

①（　　　）　②（　　　）　③（　　　）

実験1では，音の大きさは，モノコードの弦を強くはじくほど（ ① ）なった。また，音の高さは，弦の振動する部分の長さを長くするほど（ ② ）なり，弦を強く張るほど（ ③ ）なった。

選択肢　イ．大きく　　ロ．小さく　　ハ．高く　　ニ．低く

下の図は実験2で4つの音さA～Dをそれぞれたたいたときの音の振動の様子を表しています。横軸は時間を，縦軸は音の振幅を表しています。

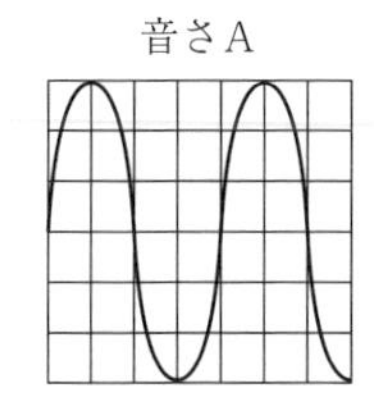

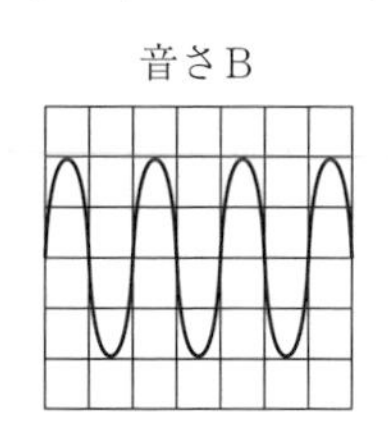

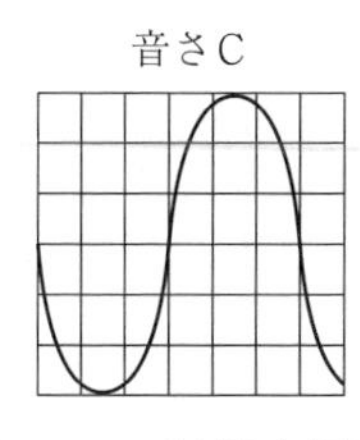

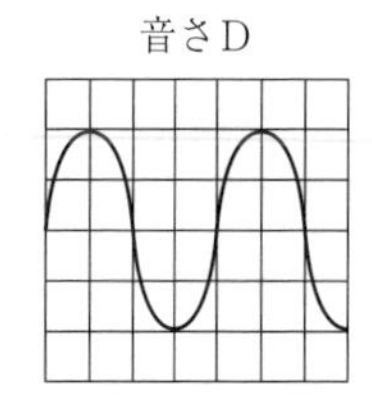

問2　次の問いに当てはまるものをすべて選び，A～Dの記号を用いて答えなさい。

(1)　最も高い音を出している音さはどれですか。（　　　）

(2)　最も大きな音を出している音さはどれですか。（　　　）

問3　グラフの横軸の1目盛りは1600分の1秒です。

(1)　最も高い音の振動数は何Hzですか。（　　　Hz）

(2)　最も高い音の振動数は最も低い音の振動数の何倍ですか。（　　　倍）

問4　実験3では，ある音さの組み合わせのときだけ，もう一方の音さがなり始めました。この音さの組み合わせをA～Dの記号で答えなさい。（　　　と　　　）

問5　ある音さにおもりをつけると，問4で述べたような現象を起こす音さの組み合わせが3通りになります。おもりをつけた音さはA～Dのどれですか。（　　　）

11 以下の会話文は「音」について話されているものです。会話文を読んで，あとの問いに答えなさい。ただし，音は山，花火，Bさんの間を一直線上で伝わるものとします。 （追手門学院高）

Aさん：去年の夏は花火大会がなくて残念だったね。

Bさん：今年こそはみんなで花火を楽しめるといいね。

Aさん：うん。そうだね。あの「ドーン」っていう大きな音はやっぱり迫力あるよね！

Bさん：私の家で花火を見ると「ドーン」っていう音が2回聞こえるよ！

Aさん：え，なんでだろう。

Bさん：家と山の間で花火が打ち上げられているから，①山で音がはね返っているんだと思う。

Aさん：やまびこみたいな現象が起きているんだね！

Bさん：でも，②花火は光が見えたあとに音が聞こえてくるのが不思議だよね。

Aさん：本当だね。そもそも音は何で伝わるんだろう。

Bさん：学校で③スピーカーを容器に入れて真空ポンプを使って空気を抜いていく実験をしたよね。

Aさん：やったやった！　その実験で音を伝える物質がわかったんだ！

Bさん：そのときはやらなかったけど，④音って水中でも伝わるのかな。

Aさん：明日学校で先生に聞いてみよう！

(1)　花火のような，音を発するもののことを何といいますか，答えなさい。(　　　)

(2)　花火が打ち上げられてからBさんが1度目の音を観測するまで，9.4秒かかりました。花火が音を発した点からBさんまでの距離が3200mであるとき，音の伝わる速さを，小数第2位を四捨五入し小数第1位まで求めなさい。(　　　m/s)

(3)　山からはね返った音を，1度目の音を観測してから4.5秒後にBさんが観測しました。花火が音を発した点から山までの距離を，小数第2位を四捨五入し小数第1位まで求めなさい。

(　　　m)

(4)　下線部①のような，音がはね返る現象を何といいますか，答えなさい。(　　　)

(5)　下線部②が起きる原因は何ですか。簡潔に説明しなさい。

(　　　　　　　　　　　　　　　　　　　　)

(6)　下線部③の実験器具を模式的に表したものが図1です。真空ポンプで空気を抜いていくと，音の聞こえ方はどのように変化しますか，簡潔に答えなさい。

(　　　　　　　　　　　　　　　　　　　　)

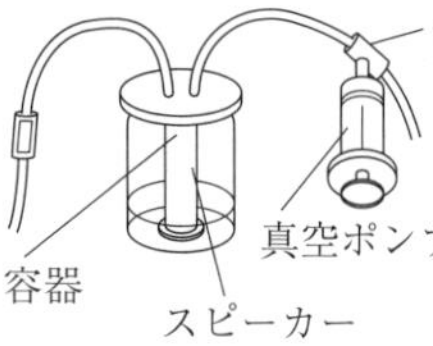

図1

(7)　(6)の変化はなぜ起こりますか。その理由を答えなさい。

(　　　　　　　　　　　　　　　　　　　　)

(8)　下線部④の空気中以外での音の記述について正しいものをア～エから1つ選び，記号で答えなさい。また，その理由を簡潔に答えなさい。

記号(　　　)　理由(　　　　　　　　　　　　　　　　　　　　)

ア　水などの液体や金属などの固体でも音は伝わる。

イ　水などの液体では音は伝わるが，金属などの固体では音は伝わらない。

ウ　金属などの固体では音は伝わるが，水などの液体では音は伝わらない。

エ　水などの液体や金属などの固体では音は伝わらない。

§4．力のはたらき

12 ばねの一端をスタンドに固定し，他端にいろいろな重さのおもりをつるして，ばねののびを測定する実験を行いました。下の表はその結果です。あとの問い(1)～(5)に答えなさい。 (早稲田摂陵高)

表

おもりの重さ〔N〕	0.5	0.8	0.9	1.2	1.4
ばねののび〔cm〕	3.0	4.8	5.4	X	Y

(1) 表のX，Yに当てはまるばねののびはそれぞれ何cmですか。X（　　　cm） Y（　　　cm）

(2) おもりの重さとばねののびの間には，どのような関係がありますか。（　　　）

(3) おもりをつるさずに，ばねののびが18cmになるように手でばねを引きました。手がばねを引いた力は何Nですか。（　　　N）

(4) 地球上での重さが2.4Nのおもりを使ってこの実験を月面上で行うと，ばねののびは何cmになりますか。ただし，月面上の重力の大きさは地球上の重力の大きさの$\frac{1}{6}$とします。（　　　cm）

(5) この実験で用いたばねと同じばねを6本用意し，これらをA_1，A_2，A_3，A_4，A_5，A_6とします。図1は，ばねA_1とばねA_2を直列につないで，30gのおもりを2個つるしたときのようすを表しています。図2は，ばねA_3，30gのおもり，ばねA_4，30gのおもりの順に連結してつるしたときのようすを表しています。図3は，ばねA_5とばねA_6を並列につないで，その中央に30gのおもりを3個つるしたときのようすを表しています。おもり以外の重さは無視して，あとの問い①～③に答えなさい。ただし，100gの物体にはたらく重力の大きさを1Nとします。

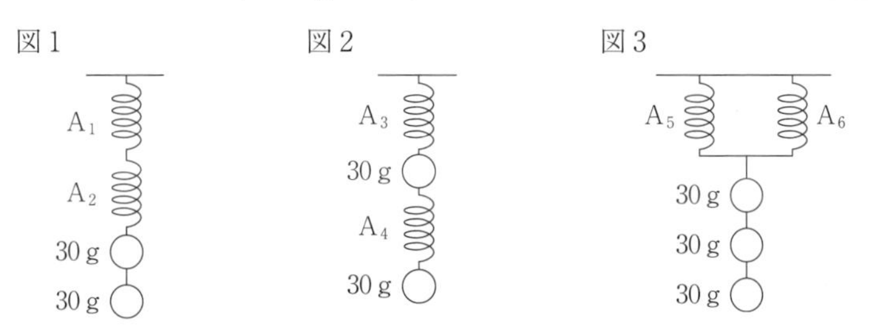

① ばねA_1とばねA_2ののびの合計は何cmですか。（　　　cm）

② ばねA_3とばねA_4ののびはそれぞれ何cmですか。A_3（　　　cm） A_4（　　　cm）

③ ばねA_5ののびは何cmですか。（　　　cm）

13 重さが3Nのおもりに重さが無視できる軽いばねの一端を取り付け，ばねの他端を天井に取り付けたところ，ばねは伸び，おもりが静止しました。これについて，以下の各問いに答えなさい。

(大阪青凌高)

問1 ばねの伸びは引く力の大きさに比例します。この関係を何の法則といいますか。

（　　　の法則）

問2 ばねからおもりにはたらく力の大きさは何Nですか。（　　　N）

問3　図1は，このばねに異なる重さのおもりをつけ，ばねの伸びを測定した実験結果です。これについて，次の問いに答えなさい。

図1

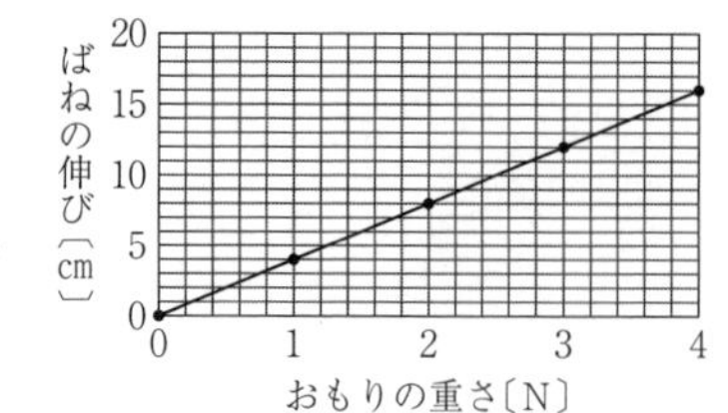

(1)　重さが2Nのおもりをつけたとき，このばねの伸びは何cmですか。(　　　cm)

(2)　このグラフから，重さが5Nのおもりをつけたとき，このばねの伸びは何cmですか。(　　　cm)

14　次の実験について，あとの問いに答えなさい。ただし，100gのおもりにはたらく重力の大きさを1Nとし，ばねの重さは考えないものとする。　(神戸龍谷高)

〔実験〕　図1のように，質量が50gのおもりをいくつかつるしたときのばねAとばねBの伸びを測定した。図2はその測定データをグラフで表したものである。ばねAはBとくらべて伸びやすいものとする。

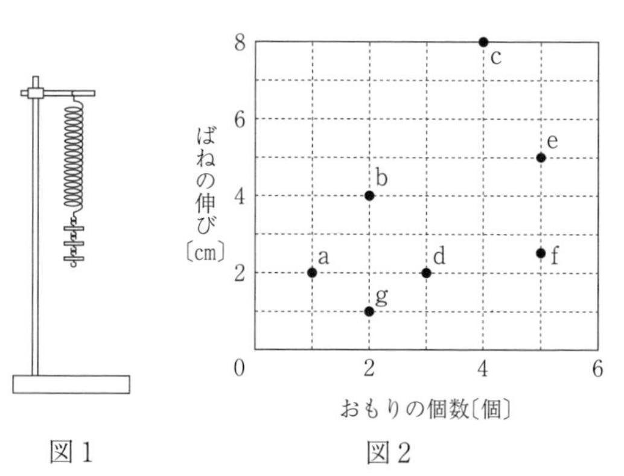

図1　　図2

問1　図2の測定結果で，明らかに正しく測定できていないと思われる測定データが2つある。それらは図2のa～gのうちどれか。記号で答えなさい。(　　　)

問2　1Nの力でばねAとばねBを手で引くと，それぞれ何cm伸びるか求めなさい。

A(　　　cm)　B(　　　cm)

問3　月面上の重力は地球上の重力に比べて約$\frac{1}{6}$倍である。次のア～カのうち正しい文を2つ選び，記号で答えなさい。(　　　)

ア　月面上で同様の実験を行うと，ばねの伸びは地球上の約$\frac{1}{6}$倍になる。

イ　月面上で同様の実験を行っても，ばねの伸びは地球上と変わらない。

ウ　月面上で同様の実験を行うと，ばねの伸びは地球上の約6倍になる。

エ　月面上でばねAとBを1Nの力で手で引くと，ばねの伸びは地球上の約$\frac{1}{6}$倍になる。

オ　月面上でばねAとBを1Nの力で手で引くと，ばねの伸びは地球上と変わらない。

カ　月面上でばねAとBを1Nの力で手で引くと，ばねの伸びは地球上の約6倍になる。

7　化学変化

中1・2の復習

§1．原子・分子

1　銀や銅などを特殊な顕微鏡を使って観察すると，小さい粒からできていることが分かります。次の問いに答えなさい。　　　　　　　　　　　　　　　　　　　　　　　　　　　　　　　　　　　（近畿大泉州高）

(1)　この小さい粒を何といいますか。また，2種類以上の小さい粒からできている物質を何といいますか。それぞれ漢字で書きなさい。粒（　　　）　物質（　　　）

(2)　この小さい粒の説明のうち，正しく述べているものをすべて選び，記号で答えなさい。

（　　　）

ア　この粒は化学変化によってそれ以上分けることができない。

イ　この粒は化学変化によって別のものに変わることができる。

ウ　この粒は化学変化によって新しくできたりなくなったりしない。

エ　この粒は種類によって質量が異なる。

(3)　水は2種類の小さい粒AとBが2個と1個で結びついてできたものが単位となっており，B1個の質量はA1個の質量の16倍あります。今，36gの水に電流を流してすべて反応させたとすると，＋極側，－極側にはそれぞれ何gの気体ができますか。＋極（　　　g）　－極（　　　g）

2　次の(1)～(3)の化学変化の意味を正しく表しているものを下のア～カの中から選び，またその化学反応式を書きなさい。◎，●，▨はそれぞれ異なる原子を表し，●▨●，○●○などは同種や異種の原子の結びつきを表しています。　　　　　　　　　　　　　　　　　　　（平安女学院高）

(1)　水素を空気中で完全燃焼させたときの化学変化（　　）（　　　　　　　　　　）

(2)　マグネシウムを空気中で完全燃焼させたときの化学変化（　　）（　　　　　　　　　　）

(3)　炭素を空気中で完全燃焼させたときの化学変化（　　）（　　　　　　　　　　）

ア　◎ ◎ ＋ ● ● → ◎● ◎●

イ　▨ ＋ ●● → ●▨●

ウ　◎ ◎ ＋ ●● → ◎● ◎●

エ　○○ ○○ ＋ ●● → ○●○ ○●○

オ　▨ ＋ ● ● → ●▨●

カ　○○ ○○ ＋ ● ● → ○●○ ○●○

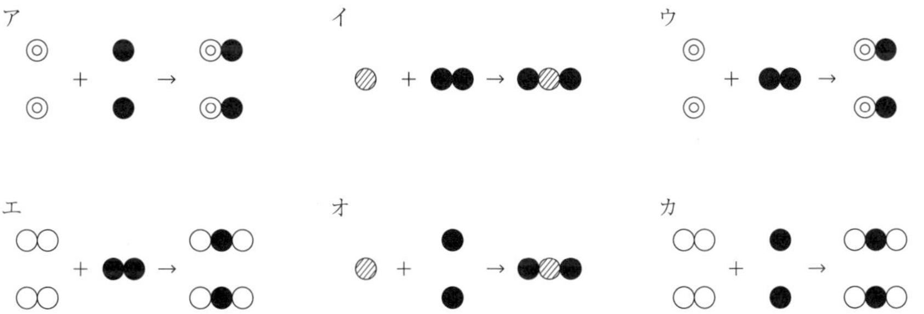

§2．物質どうしが結びつく化学変化

3　鉄と硫黄の反応について調べるために，実験を行った。あとの各問いに答えなさい。

（大阪商大堺高）

［実験］

図1

①　図1のように鉄粉 5.6g と硫黄 3.2g を乳鉢にとり，よく混ぜ合わせ，7.7g と 1.1g に分けた。

②　①の混合物 7.7g を，図2のように試験管に入れ加熱した。

③　加熱した混合物の色が赤く変わりはじめたところで加熱をやめ，変化の様子を観察した。

④　反応が終わり，試験管の温度が十分に下がったところで，試験管に磁石を近づけた。

⑤　試験管にうすい塩酸を加えた。

図2

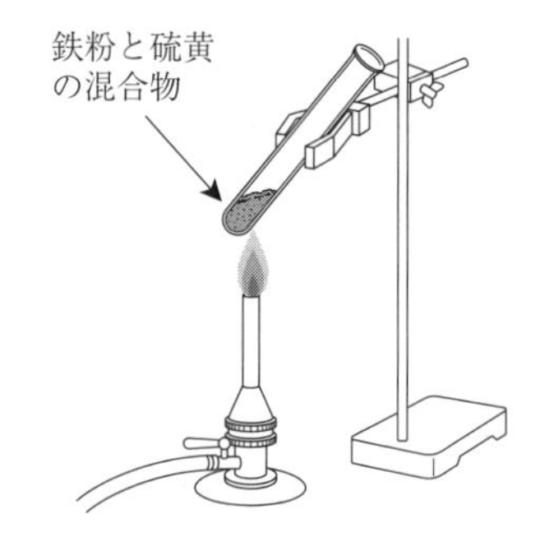

［結果］

Ⅰ　実験④では磁石に引き付けられる物質はなかった。

Ⅱ　実験⑤では気体が発生した。

(1)　図1の矢印で示した器具の名称を答えなさい。（　　　）

(2)　実験②の混合物 7.7g には，何 g の鉄粉が含まれているか。（　　　g）

(3)　実験③で起こった反応を化学反応式で答えなさい。（　　　　　　　　）

(4)　実験③でガスバーナーの火を消すとき，

(ア)　最初に回すねじは，図3の調節ねじ A・B のどちらか。（　　　）

(イ)　また回す方向は，図3の X・Y のどちらか。（　　　）

図3

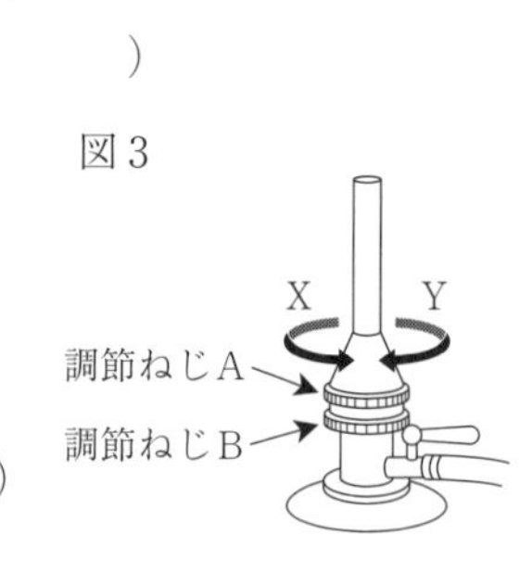

(5)　結果Ⅰからわかることを簡単に答えなさい。

（　　　　　　　　　　　　　　　　　　　　）

(6)　結果Ⅱで発生した気体について，

(ア)　気体の名称を答えなさい。（　　　）

(イ)　気体の性質について最も適当なものを次の A～D から1つ選び，記号で答えなさい。

（　　　）

A．無色無臭で，空気中で火をつけるとポンッと音を立てて燃える。

B．無色無臭で，助燃性がある。

C．無色で卵の腐ったようなにおいがあり，有毒である。

D．黄緑色で刺激臭があり，漂白作用がある。

(7)　この実験より，鉄粉 6.3g を完全に反応させるためには，硫黄は最低何 g 必要か。（　　　g）

(8)　①の混合物 1.1g に塩酸を加えると気体が発生した。この気体の名称を答えなさい。（　　　）

4 鉄粉7gと硫黄4gをよく混ぜ合わせて2本の乾いた試験管A, Bに同量ずつ分けた。このうち, 試験管Aだけに脱脂綿で栓をして図のように加熱したところ, 試験管Aの内部が赤くなってきたので加熱をやめたが, 反応は最後まで続いた。試験管Aが冷えてから脱脂綿をはずし, (ア)試験管A, Bに磁石を近づけてみた。さらに, (イ)試験管A, Bにうすい塩酸を少量加えて発生する気体のにおいを調べた。次の問いに答えよ。

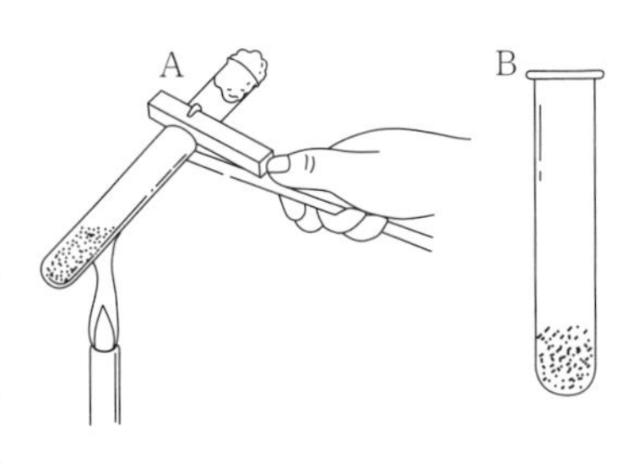

(京都文教高)

(1) 試験管Aの加熱をやめた後も反応が最後まで続いたのはなぜか。次の①～④から一つ選べ。

( )

① 反応によって酸素が生じるから。
② 反応によって水素が生じるから。
③ 反応によって水蒸気が生じるから。
④ 反応によって熱が生じるから。

(2) 上の下線部(ア), (イ)のそれぞれの結果について, 試験管A, Bのそれぞれに当てはまる組み合わせを次の①～⑥から一つずつ選べ。A( ) B( )

	(ア) 磁石を近づけたとき	(イ) うすい塩酸を加えて発生する気体のにおい
①	磁石に引きつけられた	卵の腐ったようなにおい
②	磁石に引きつけられた	鼻をつんと刺(さ)すようなにおい
③	磁石に引きつけられた	においはない
④	磁石に引きつけられなかった	卵の腐ったようなにおい
⑤	磁石に引きつけられなかった	鼻をつんと刺(さ)すようなにおい
⑥	磁石に引きつけられなかった	においはない

(3) 試験管Aから発生した気体は何か。次の①～⑥から一つ選べ。( )

① 酸素　② 水素　③ 硫化水素　④ アンモニア　⑤ 二酸化炭素　⑥ 塩素

(4) 試験管Bから発生した気体と同じ気体を生じる反応を次の①～⑤から一つ選べ。( )

① 石灰石にうすい塩酸を加える。
② 塩化銅水溶液を電気分解する。
③ うすいアンモニア水を加熱する。
④ 二酸化マンガンにうすい過酸化水素水を加える。
⑤ 水を電気分解する。

(5) 試験管Aに加熱後にできた物質の化学式を書け。( )

§3．分解

5　炭酸水素ナトリウムを加熱して，どのような化学変化が起こるのかを調べました。これについてあとの問いに答えなさい。　（関大第一高）

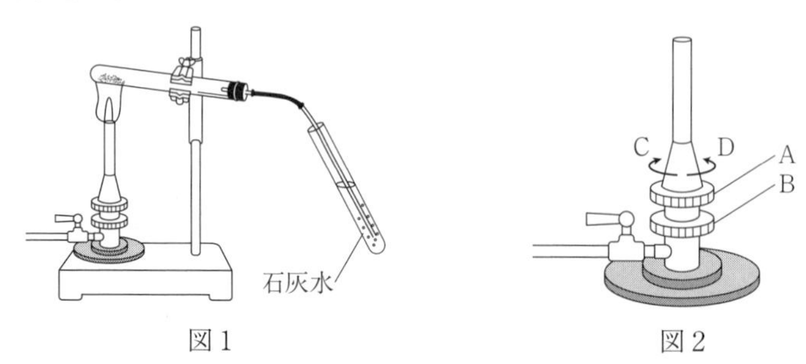

図1　　　　図2

⑴　図1のように実験器具を組み立てて，ガスバーナーの火をつけました。ガスの量を調節して炎の大きさをちょうどいい大きさに調節したところ，ガスバーナーの炎の色はオレンジ色でした。炎の色を青くするには，ガスバーナーのどの部分をどちらに回せばよいですか。図2を見て，次のア～エから1つ選び，記号で答えなさい。(　　　)

ア　Aのねじをおさえたまま，BのねじをCの方向にまわす。

イ　Aのねじをおさえたまま，BのねじをDの方向にまわす。

ウ　Bのねじをおさえたまま，AのねじをCの方向にまわす。

エ　Bのねじをおさえたまま，AのねじをDの方向にまわす。

⑵　発生した気体を調べるために石灰水を準備しました。石灰水を作るときに水に溶かした物質は何ですか。次のア～エから1つ選び，記号で答えなさい。(　　　)

ア　塩化ナトリウム　　イ　水酸化ナトリウム　　ウ　炭酸カルシウム

エ　水酸化カルシウム

⑶　実験後，石灰水が白くにごっているのが分かりました。この気体と同じ気体が発生するのは次のうちどれですか。次のア～オから1つ選び，記号で答えなさい。(　　　)

ア　亜鉛にうすい塩酸を加える。　　イ　塩化アンモニウムと水酸化カルシウムを加熱する。

ウ　二酸化マンガンにオキシドールを加える。　　エ　酸化銀を加熱する。

オ　貝がらを砕(くだ)いたものに，うすい塩酸を加える。

⑷　加熱後の試験管の中に残った白い粉（Aとする）と，もとの炭酸水素ナトリウム（Bとする）について，水への溶けやすさと，アルカリ性の強さを調べました。次のア～エから適当なものを1つ選び，記号で答えなさい。(　　　)

ア　水に溶けやすい方はAで，アルカリ性が強い方はBである。

イ　水に溶けやすい方はBで，アルカリ性が強い方はAである。

ウ　水に溶けやすい方はAで，アルカリ性が強い方もAである。

エ　水に溶けやすい方はBで，アルカリ性が強い方もBである。

⑸　加熱後に試験管の口の部分に液体がついていました。この液体が何かを調べるのに最も適した試験紙は何ですか。その名称を答えなさい。(　　　)

6 酸化銀を加熱したときの変化を調べるために①～⑦の順に実験を行いました。以下の問いに答えなさい。 （大阪学院大高）

〔実験〕 ① 酸化銀 2.30g を試験管 A に入れ，試験管 B・C・D を水そうに沈めて水で満たした。

② 右の図のように，試験管 A 内の酸化銀を加熱し，ガラス管からでてくる気体をすぐに試験管 B で集めた。

③ 一定量の気体が集まったところでガラス管を水から取り出して，ガスバーナーの火を消した。

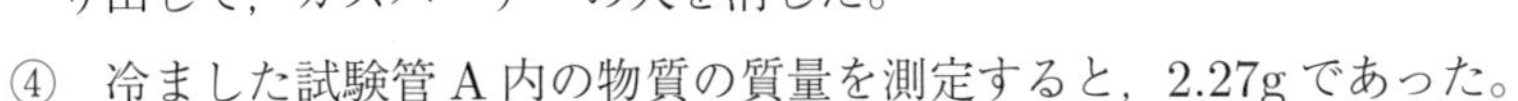

④ 冷ました試験管 A 内の物質の質量を測定すると，2.27g であった。

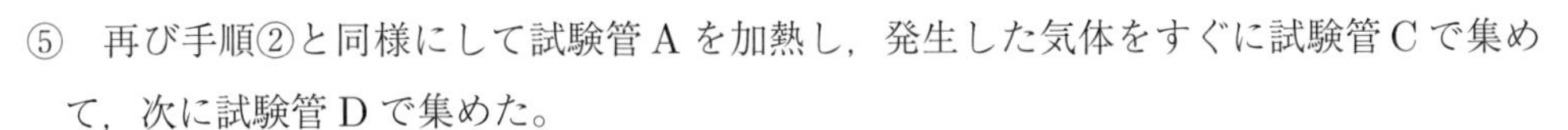

⑤ 再び手順②と同様にして試験管 A を加熱し，発生した気体をすぐに試験管 C で集めて，次に試験管 D で集めた。

⑥ 気体が発生しなくなるまで試験管 A を加熱し続けた。その後，試験管 A を冷まし，試験管内の物質の質量を測定すると 2.15g であった。

⑦ 試験管 D で集めた気体に火のついた線香を近づけると，激しく燃えた。

(1) この実験において，発生した気体の特徴として適切なものを次のア～オから選び，記号で答えなさい。（　　　）

ア．発生した気体は無色・刺激臭で，空気より少し重く，水に溶けにくい気体である。

イ．発生した気体は無色・刺激臭で，空気より少し重く，水に溶けやすい気体である。

ウ．発生した気体は無色・無臭で，空気より少し軽く，水に溶けにくい気体である。

エ．発生した気体は無色・無臭で，空気より少し軽く，水に溶けやすい気体である。

オ．発生した気体は無色・無臭で，空気より少し重く，水に溶けにくい気体である。

(2) 手順④までで，まだ反応せずに残っている酸化銀は，加熱前の酸化銀の何％ですか。整数で答えなさい。（　　　％）

(3) 手順⑥のあと，試験管 A の中に残った物質は銀でした。銀などの，金属の性質として不適切なものを次のア～オから１つ選び，記号で答えなさい。（　　　）

ア．電流が流れる。　　イ．金属光沢がある。　　ウ．光が透過する。

エ．たたくと薄く広がる。　　オ．引っ張ると伸びる。

(4) 手順⑦において，試験管 C ではなく試験管 D を用いた理由として適切なものを次のア～カから選び，記号で答えなさい。（　　　）

ア．試験管 C に集まった気体は，実験前から試験管 A 内に存在した空気を多く含んでいるから。

イ．試験管 D に集まった気体は，実験前から試験管 A 内に存在した空気を多く含んでいるから。

ウ．試験管 C に集まった気体は，酸化銀の粉末が飛散したものが多く含まれているから。

エ．試験管 D に集まった気体は，酸化銀の粉末が飛散したものが多く含まれているから。

オ．試験管 C に集まった気体は，実験前から試験管 C 内に存在した空気を多く含んでいるから。

カ．試験管 D に集まった気体は，実験前から試験管 D 内に存在した空気を多く含んでいるから。

7　右の図のような装置で，水の電気分解を行ったところ，－極側に気体A，＋極側に気体Bが発生した。次の問いに答えなさい。

（金蘭会高）

⑴　気体A，気体Bの性質を，次のア）～エ）から1つずつ選びなさい。A（　　　）　B（　　　）

ア）マッチの火を近づけると，ポッと音をたてて気体が燃える。

イ）水によく溶け，特有の刺激臭がある。

ウ）石灰水を白くにごらせる。

エ）火のついた線香を入れると，線香が炎を上げて激しく燃える。

⑵　この実験で起こった化学変化を化学反応式で書きなさい。（　　　　　→　　　　　）

⑶　この実験で，気体Aは12cm^{3}発生した。気体Bは何cm^{3}発生しましたか。（　　　　cm^3）

⑷　水のように，2種類以上の原子でできている物質を何といいますか。（　　　　）

8　右の図のような電気分解装置を用いて，水に少量の水酸化ナトリウムを加え，水の電気分解を行った。以下の問いに答えなさい。（履正社高）

⑴　水の電気分解の化学反応式を答えなさい。（　　　　　　　　　　）

⑵　下線部のように水酸化ナトリウムを加える理由を次から選び，①～④の番号で答えなさい。（　　　）

①　水に溶けている二酸化炭素と中和させるため。

②　水に電気を通しやすくするため。

③　発生した気体どうしが反応するのを防ぐため。

④　電極がさびるのを防ぐため。

⑶　図のように電極Xから発生した気体Aの方が，電極Yから発生した気体Bよりも体積が大きかった。この結果から，電極X，Yのうち陽極はどちらか。記号で答えなさい。（　　　）

⑷　気体A，Bを実験室で発生させる方法を次から選び，それぞれ①～④の番号で答えなさい。

A（　　　）　B（　　　）

①　うすい過酸化水素水（オキシドール）に二酸化マンガンを加える。

②　石灰石にうすい塩酸を加える。

③　炭酸水素ナトリウムを熱分解する。

④　亜鉛にうすい塩酸を加える。

⑸　⑷で選ばなかった2つの実験では同じ気体が得られる。この気体を確認する方法を簡単に答えなさい。（　　　　　　　　　　　　　　　　）

9　塩化銅とその水溶液の電気分解について，次の各問いに答えなさい。（平安女学院高）

問1　銅＋塩素→塩化銅の変化を表す化学反応式を書きなさい。（　　　　　　　　）

問2　塩化銅の水溶液を電気分解するとき，陽極，陰極にそれぞれどんな物質が生じますか。化学式で答えなさい。陽極（　　　）　陰極（　　　）

§4．酸化

10 表は，いろいろな質量の銅を酸化させて反応後の質量をはかった結果です。あとの問いに答えなさい。 (羽衣学園高)

表

	A	B	C	D	E
銅の質量(g)	2.4	3.6	6.0	7.2	10.0
反応後の物質の質量(g)	3.0	4.5	7.5	9.0	11.5

問1 化学変化の前後で変わるものをア～エから一つ選び，記号で答えなさい。(　　　)
　ア 原子の組み合わせ　イ 原子の数　ウ 原子の種類　エ 原子の質量

問2 反応後の物質の名称を答えなさい。(　　　)

問3 反応後の物質の色をア～オから選び，記号で答えなさい。(　　　)
　ア 白色　イ 黒色　ウ 赤色　エ 青色　オ 黄色

問4 反応後の物質を5.0g得るには，少なくとも何gの銅を酸化させればよいですか。(　　　)

問5 この実験の化学反応式を答えなさい。(　　　　　　　　)

問6 実験A～Eのうち，一つだけ失敗して銅が完全に酸化していない実験がある。
　① 失敗している実験はどれですか。A～Eから選んで答えなさい。(　　　)
　② 酸化せずに残った銅の質量を答えなさい。(　　　)

11 図1のようにマグネシウムと銅の粉末をそれぞれステンレス皿に入れ，すべての金属と酸素が反応するまでガスバーナーで加熱をし，よく冷やしてから質量をはかった。その実験を両方の金属で質量を変えながら繰り返した。そのときのそれぞれの金属の質量と加熱後の物質の質量の関係を表1のグラフに示した。また，図2は実験で使用したガスバーナーを点火したときの図を表したものである。以下の問いに答えなさい。 (英真学園高)

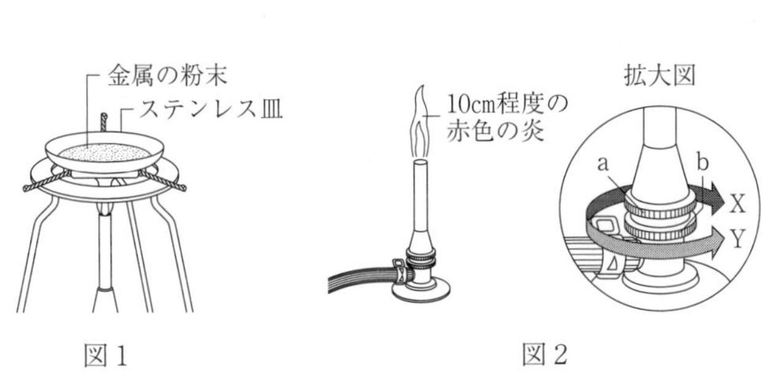

図1　図2

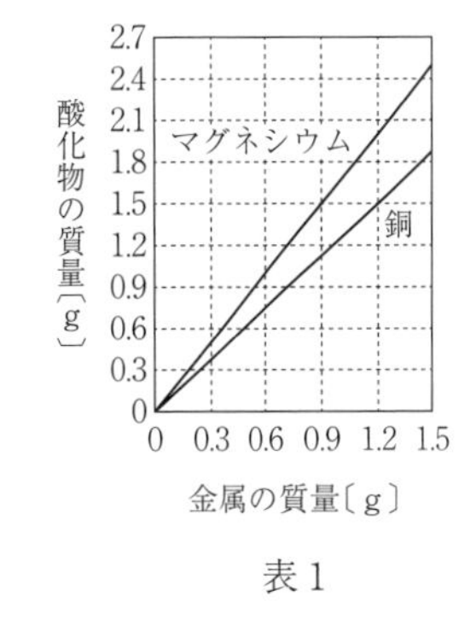

表1

(1) a，bのねじの名称を答えなさい。a(　　　)　b(　　　)

(2) 点火するときに最初に回すねじはaとbのどちらか記号で答えなさい。(　　　)

(3) 炎が図2の状態のとき，どちらのネジをXとYのどちらの方向に回せばよいかそれぞれ記号で答えなさい。ネジ(　　　)　回す方向(　　　)

(4) 物質が酸素と結びつく反応を何というか答えなさい。(　　　)

(5) マグネシウム Mg が酸素 O_2 と結びついて酸化マグネシウム MgO を生成するときの化学反応式を答えなさい。(　　　　　　　　　)

(6) マグネシウム 0.9g と結びつく酸素の質量は何 g か答えなさい。(　　　g)

(7) マグネシウムと酸素の結びつくときの質量比をア〜エの中から選び記号で答えなさい。

(　　　)

ア 5：3　　イ 4：5　　ウ 3：2　　エ 4：1

(8) 銅 1.2g と結びつく酸素の質量は何 g か答えなさい。(　　　g)

(9) 銅と銅の酸化物の質量比を(7)のア〜エの中から選び記号で答えなさい。(　　　)

(10) 銅の酸化物 2.0g 中に含まれる銅と酸素の質量はそれぞれ何 g か答えなさい。

銅(　　　g)　酸素(　　　g)

12 次の文章を読み，あとの問いに答えなさい。 (東山高)

【実験1】 マグネシウムの粉末 1.5g をステンレス皿に入れて熱し，ステンレス皿が冷めたら質量をはかり，よくかき混ぜた。これを6回くり返し，グラフにまとめると図1のようになった。

【実験2】 銅の粉末 0.8g をステンレス皿に入れて熱し，ステンレス皿が冷めたら質量をはかり，よくかき混ぜた。これを6回くり返し，グラフにまとめると図2のようになった。

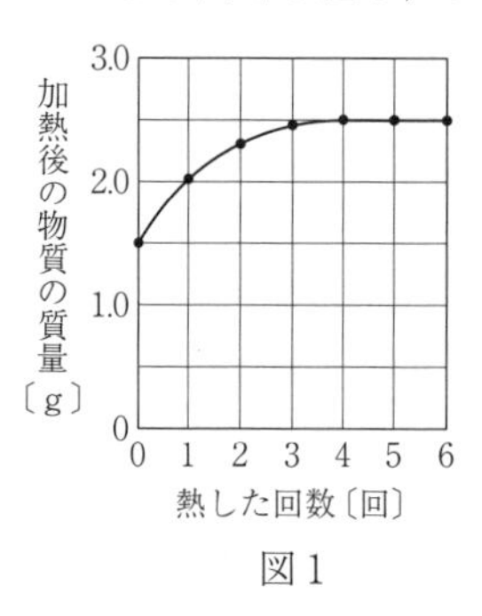

図1

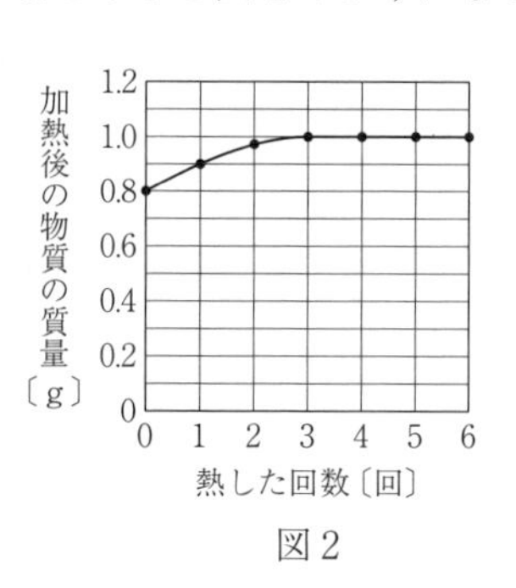

図2

1．【実験1】で6回熱したあとにステンレス皿に残る物質は何色か。(　　　色)

2．【実験1】で 1.5g のマグネシウムがすべて酸化したのは何回加熱したときか。(　　　回目)

3．【実験2】で 0.8g の銅がすべて酸化したとき何 g の酸化銅ができるか。小数第1位まで答えよ。

(　　　g)

4．3.0g のマグネシウムと 2.0g の銅を完全に酸化するには何 g の酸素が必要か。小数第1位まで答えよ。(　　　g)

5．マグネシウムと銅が混ざった粉末 12.0g を十分に加熱すると，酸化マグネシウムと酸化銅の混合粉末が 16.25g できた。加熱する前の混ざった粉末中の銅の質量の割合は何％か。整数で答えよ。

(　　　%)

§5．還元

13 次の実験についてあとの各問いに答えなさい。（清明学院高）

【実験】① 酸化銅 1.3g と炭素粉末 0.1g を乳鉢(ばち)を使ってよくかき混ぜた。

② ①の混合物を試験管に入れて右図のようにしばらく加熱すると石灰水が白く濁った。

③ 反応が終わったら石灰水からガラス管をとり出し，加熱するのをやめ，ピンチコックでゴム管をとめてから冷ました。

④ 試験管の中の物質を薬包紙上にとり出し，薬さじで強くこすった。

図

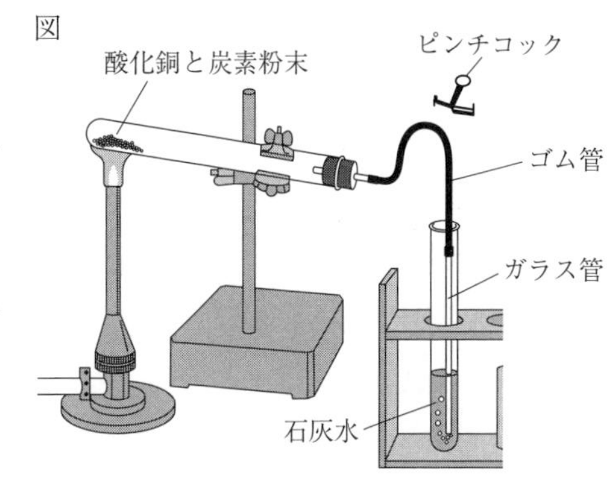

問1 実験③で火を消すより先に石灰水からガラス管をとり出すのはなぜか。最も適当なものを次のA～Dより1つ記号で選び答えなさい。（　　）

A．石灰水が逆流するから。　　B．試験管に水滴が発生するから。

C．ゴム管が外れる可能性があるから。　　D．混合粉末の温度が急に上昇するから。

問2 実験④の結果を説明した次の文の空欄①，②に入る適当な語句をそれぞれ答えなさい。

①（　　）②（　　）

薬さじで強くこすった結果，赤色の（ ① ）を示すことから，この物質は（ ② ）であることがわかる。

問3 この実験における酸化銅と炭素粉末との化学変化を化学反応式で答えなさい。

（　　　　　　）

問4 この実験のように酸化銅（酸化物）から酸素がうばわれる化学変化を何というか，漢字で答えなさい。（　　）

問5 この化学変化は炭素粉末以外の物質でも同様の現象が起こる。同様の現象を<u>起こさない物質</u>として適当なものを次のA～Dより1つ記号で選び答えなさい。（　　）

A．エタノール　B．水素　C．砂糖　D．二酸化炭素

14 次の文を読み，以下の問いに答えよ。（京都橘高）

酸化銅 2.0g，4.0g，6.0g，8.0g，10.0g をはかりとり，それぞれに炭の粉を 0.6g ずつ加えてよくかき混ぜ，試験管A～Eに入れた。この試験管を図のように加熱したところ，気体が発生し，白くにごった。気体の発生が止まってから火を止め，試験管が冷えてから試験管A～Eの質量を試験管内の物質も含めてはかった。さらに，加熱後の物質に炭の粉が残っているかを調べると，DとEには炭の粉が残っていなかった。表は，実験の結果をまとめたものである。ただし，試験管Dでは，酸

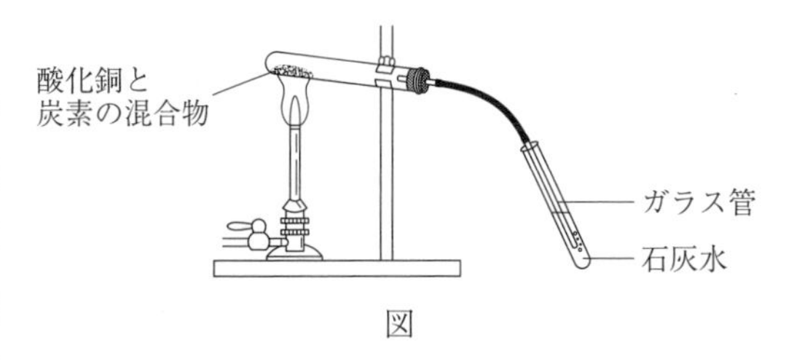

図

化銅はすべて銅になっていたものとする。

表

加熱		試験管 A	試験管 B	試験管 C	試験管 D	試験管 E
前	酸化銅〔g〕	2.0	4.0	6.0	8.0	10.0
	炭の粉〔g〕	0.6	0.6	0.6	0.6	0.6
後	試験管内の物質〔g〕	2.05	3.5	4.95	6.4	8.4

⑴　この実験を安全に行うために，ガスバーナーの炎を消す前にしなければならない操作を理由とともに答えよ。

操作（　　　　　　　　　　　　　　　　　　　　　　　　　　　　　　　　　）

理由（　　　　　　　　　　　　　　　　　　　　　　　　　　　　　　　　　）

⑵　この実験で酸化銅に起きた化学変化を何というか，漢字2文字で答えよ。（　　　）

⑶　試験管Cで発生した気体の質量は何gか求めよ。（　　　g）

⑷　試験管Eでできた銅の質量は何gか求めよ。（　　　g）

⑸　試験管Eで反応せずに残った酸化銅をすべて銅にするには，炭の粉は少なくとも何g必要か求めよ。（　　　g）

15　図1のような装置で，4.0gの酸化銅に炭素の粉末をよく混ぜ合わせた混合物を，ステンレス板にのせて試験管Aに入れ，十分加熱する実験を，炭素の質量を変えながら行いました。図2は，混ぜ合わせた炭素の粉末の質量と，加熱後の試験管内に残った固体の質量を測定した結果です。あとの問い⑴～⑷に答えなさい。　　**（早稲田摂陵高）**

図1

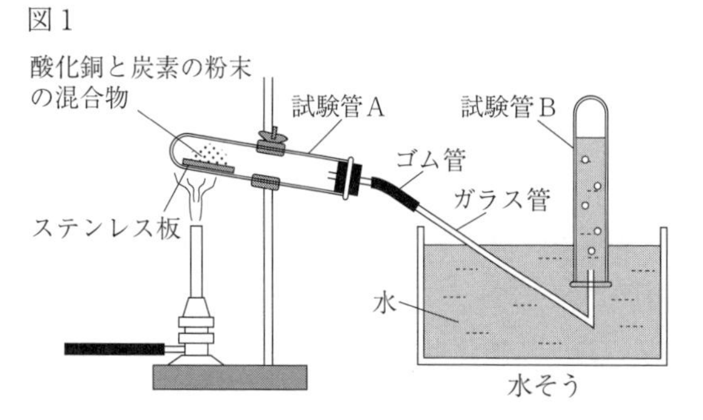

図2

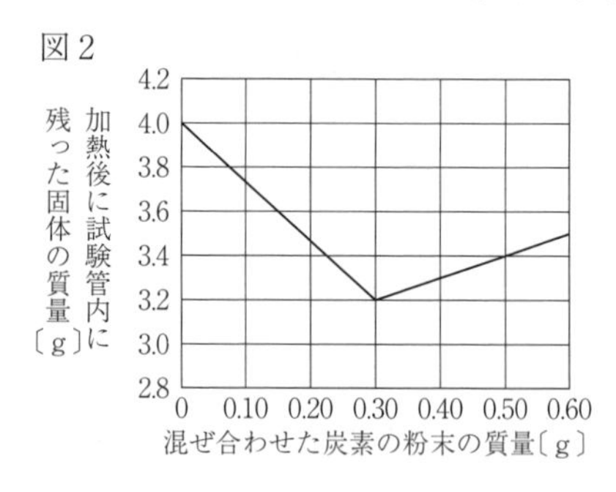

⑴　この実験では，酸化銅と炭素が反応して銅と二酸化炭素になります。この化学変化を化学反応式で答えなさい。（　　　　　　　　　　）

⑵　この実験で，酸化銅がすべて反応して発生する二酸化炭素の質量は何gですか。（　　　g）

⑶　この実験で，0.2gの炭素の粉末を混ぜ合わせて十分加熱したとき，得られる銅の質量は何gですか。小数第2位を四捨五入して答えなさい。（　　　g）

⑷　酸化銅を3.2gにして同様の実験を行うとき，過不足なく反応させるために必要な炭素の粉末の質量は何gですか。（　　　g）

§６．化学変化と質量

16 化学変化と物質の質量の関係を調べるための実験を行った。次の各問いに答えなさい。

(奈良大附高)

【準備】

右の図１のように，炭酸飲料用ペットボトルの中に炭酸水素ナトリウム1gと，うすい塩酸$10cm^3$を入れた試験管を，炭酸水素ナトリウムとうすい塩酸が混ざらないようにゆっくりと入れ，ペットボトルのふたを閉めた。このままペットボトル全体の質量を電子てんびんで測定すると，75.0gであった。

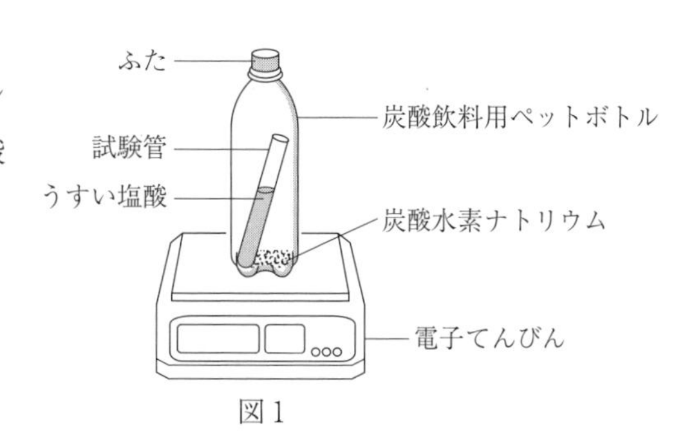

図１

【実験１】

ふたを閉めたままペットボトル全体を傾けて，炭酸水素ナトリウムとうすい塩酸を反応させた。反応が終わった後にペットボトル全体の質量を電子てんびんで測定すると，75.0gであった。

【実験２】

反応が終わった後のペットボトルのふたをゆるめて，ペットボトル全体の質量を電子てんびんで測定すると，74.5gであった。

(1) 炭酸水素ナトリウムのように，２種類以上の原子が組み合わさってできている物質を何というか，漢字で答えなさい。(　　　)

(2) 実験１において，下の（ ① ）と（ ② ）に適切な化学式を入れ，ペットボトルの中で起こった化学変化の化学反応式を完成させなさい。ただし，係数は必要に応じて入れなさい。

①(　　　)　②(　　　)

$HCl + NaHCO_3 \rightarrow NaCl +$（ ① ）+（ ② ）

(3) 実験１を行ってもペットボトル全体の質量は変わらなかった。このように化学変化の前後で，物質全体の質量が変わらないことを何の法則というか，答えなさい。(　　　の法則)

(4) 実験２で測定したペットボトル全体の質量が，実験１で測定したものより小さくなった理由を，簡潔に説明しなさい。(　　　　　　　　　　)

17 図１のように，ふたのある容器に，石灰石とうすい塩酸を入れて，容器全体の質量を測定しました。これを質量①とします。次に，ふたを閉めたままこの容器を傾け，石灰石とうすい塩酸を反応させ，ふたたび容器全体の質量を測定しました。これを質量②とします。最後に，ふたを開けて十分な時間をおいてから，容器全体の質量を測定しました。これを質量③とします。うすい塩酸の質量を30gで統一し，石灰石の質量を2.00gから12.00gまで，2.00gずつ変えて同じ操作を行い，質量①～③をそれぞれ測定しました。表と図２のグラフは，その結果をまとめたものです。(1)～(7)の問いに答えなさい。

(武庫川女子大附高)

図１

表

石灰石の質量〔g〕	2.00	4.00	6.00	8.00	10.00	12.00
質量①〔g〕	122.40	124.40	126.40	128.40	130.40	132.40
質量②〔g〕	122.40	124.40	126.40	128.40	130.40	132.40
質量③〔g〕	121.52	122.64	123.76	125.10	127.10	129.10

図2

発生した気体の質量〔g〕 0 1 2 3 4
石灰石の質量〔g〕 0 2 4 6 8 10 12

(1)　質量①と質量②の値が等しいという結果が得られました。このことを何の法則といいますか。
（　　　の法則）

(2)　この実験のように，化学変化の前後で質量が変わらない理由を「原子」という言葉を用いて説明しなさい。
（　　　　　　　　　　　　　　　　）

(3)　次の式は，この実験で起こった化学変化を表した反応式です。式中の（ X ）に当てはまる化学式を答えなさい。（　　　）

$CaCO_3$ + 2HCl →（ X ）+ CO_2 + H_2O

(4)　石灰石の質量が 12.00g のとき，うすい塩酸と反応させたあと，石灰石の一部が溶け残りました。次の石灰石の質量(ア)〜(オ)のうち，同じように石灰石の一部が溶け残るものをすべて選び，記号で答えなさい。（　　　）

(ア)　2.00g　　(イ)　4.00g　　(ウ)　6.00g　　(エ)　8.00g　　(オ)　10.00g

(5)　うすい塩酸 30g がすべて反応するとき，発生する気体の質量は何 g ですか。（　　　g）

(6)　うすい塩酸 30g と過不足なく反応する石灰石の質量は何 g ですか。（　　　g）

(7)　石灰石の質量が 12.00g のとき，溶け残った石灰石をすべて溶かすためには，少なくともあと何 g のうすい塩酸が必要ですか。（　　　g）

18　炭酸カルシウム $CaCO_3$ と塩酸の反応について，次のような実験を行った。あとの問いに答えなさい。炭酸カルシウムと塩酸は次のように反応し，気体を発生する。　（関西大学北陽高）

$CaCO_3$ + 2HCl → $CaCl_2$ + H_2O + ［気体］

【実験】

操作1　密閉できる容器に炭酸カルシウムと塩酸を入れ，ふたを閉めて容器全体の質量を測定した。（図1）

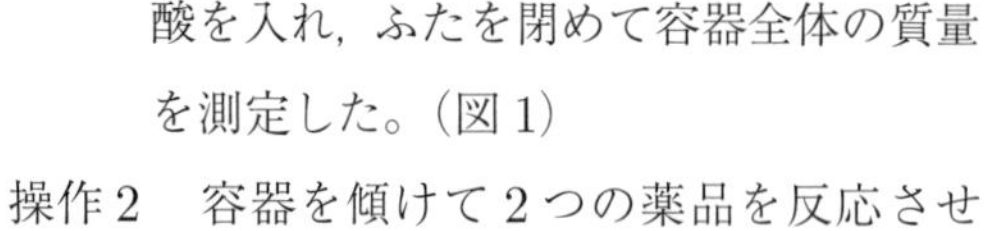

操作2　容器を傾けて2つの薬品を反応させた。（図2）

反応が終わったら容器全体の質量を測定した。

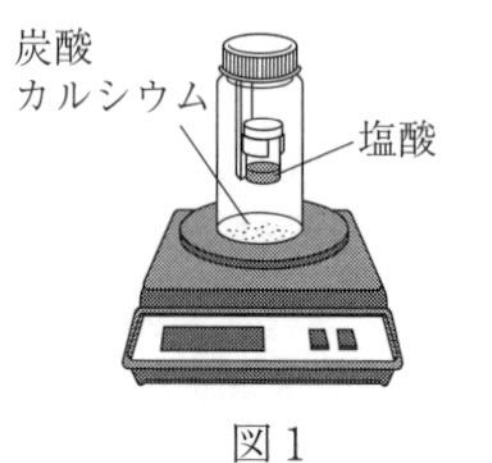

図1

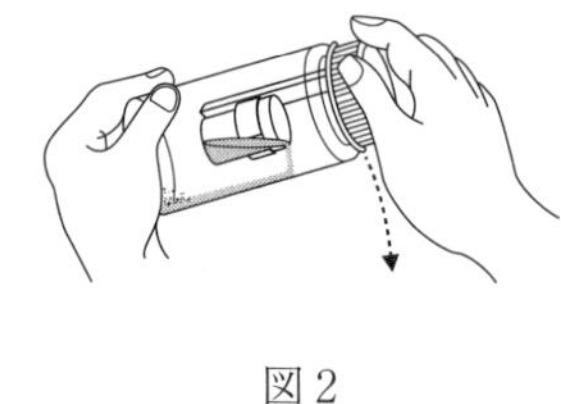
図2

操作3　操作1の質量から操作2の質量を引いた値を計算した。

操作4　容器のふたを開けてしばらく置き，再び容器全体の質量を測定した。

操作5　操作1の質量から操作4の質量を引いた値を計算した。

⑴　この反応によって発生する気体の性質として正しいものを次のア～オからすべて選び記号で答えなさい。(　　　)

ア　水に非常によく溶ける。　　イ　石灰水を白くにごらせる。　　ウ　無色である。

エ　臭いがある。　　オ　空気より密度が小さい。

⑵　この反応で発生する気体と同じ気体が発生する反応を次のア～オから１つ選び記号で答えなさい。(　　　)

ア　炭酸水素ナトリウムを加熱する。　　イ　水素を燃やす。

ウ　うすい過酸化水素水に二酸化マンガンを加える。　　エ　酸化銅と水素を混合して加熱する。

オ　マグネシウムに塩酸を加える。

⑶　操作２において，どのようになったときに反応が終わったと判断できるかを次のア～エから１つ選び記号で答えなさい。(　　　)

ア　白い沈殿が生成した。　　イ　黒い沈殿が生成した。　　ウ　泡の発生が止まった。

エ　溶液の色が青色に変化した。

⑷　操作３の値は炭酸カルシウムの質量を変えても常に０〔g〕であった。このことを表す法則名を答えなさい。(　　　)

炭酸カルシウムの質量を変え，同じ濃さで同じ体積の塩酸を用いて操作1～5を繰り返し行った。そのとき，炭酸カルシウムの質量を横軸に，操作５の値を縦軸にとると図３のグラフが得られた。

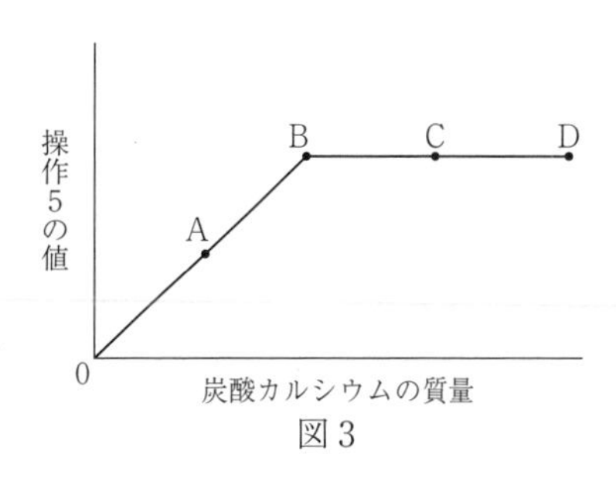

図３

⑸　図３のグラフ上の点A～Dのうち，炭酸カルシウムと塩酸が過不足なく反応した点を１つ選び記号で答えなさい。

(　　　)

⑹　図３のグラフ上の点A，B，Cにおける発生した気体の質量の関係を正しく表しているものを次のア～カから１つ選び記号で答えなさい。(　　　)

ア　A＜B＜C　　イ　A＝B＜C　　ウ　A＜B＝C　　エ　A＝B＝C

オ　C＝B＜A　　カ　C＜B＜A

8　電流とその利用

§1．電流回路

1　図1のように，電熱線を用いて回路をつくり，電熱線をかえながら，電熱線に流れる電流と電圧の関係を調べる実験をしました。下の表1は実験の結果をまとめたものです。これについて次の問いに答えなさい。　（近畿大泉州高）

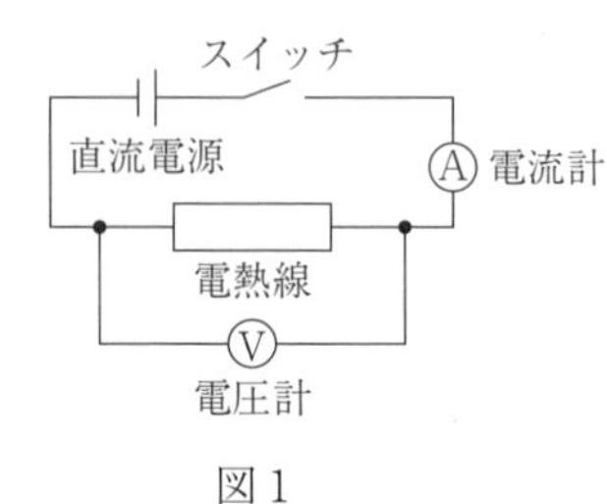

図1

表1

	電圧〔V〕	0	0.8	1.2	2.0
電熱線A	電流〔mA〕	0	20	30	50
電熱線B	電流〔mA〕	0	32	48	80
電熱線C	電流〔mA〕	0	80	120	200

(1)　電熱線Bの電気抵抗は何Ωですか。(　　　Ω)

(2)　電熱線Bと電熱線Cを直列に接続したとき，回路全体の抵抗の大きさは何Ωですか。
(　　　Ω)

(3)　電熱線Aと電熱線Cを並列に接続したとき，回路全体の抵抗の大きさは何Ωですか。
(　　　Ω)

(4)　電熱線Aと電熱線Cを並列に接続し，8.0Vの電圧を加えました。このとき，電熱線Aに流れる電流の大きさは何Aですか。(　　　A)

2　20Ωの抵抗器Xと30Ωの抵抗器Yを用いて，図1，図2のような回路を作った。どちらの回路も，電源の電圧を3Vとして，下の各問いに答えなさい。　（京都精華学園高）

図1

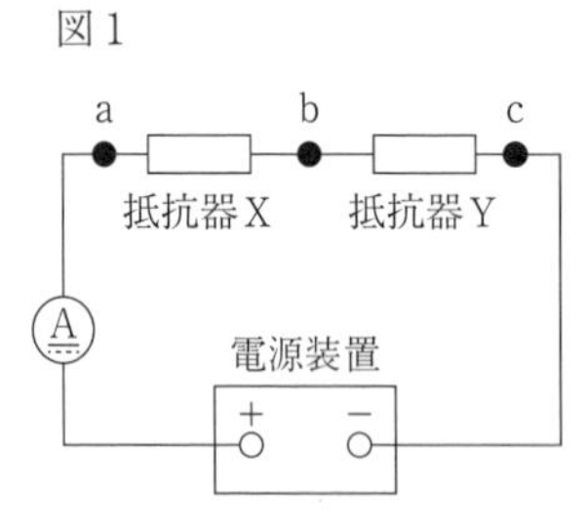

図2

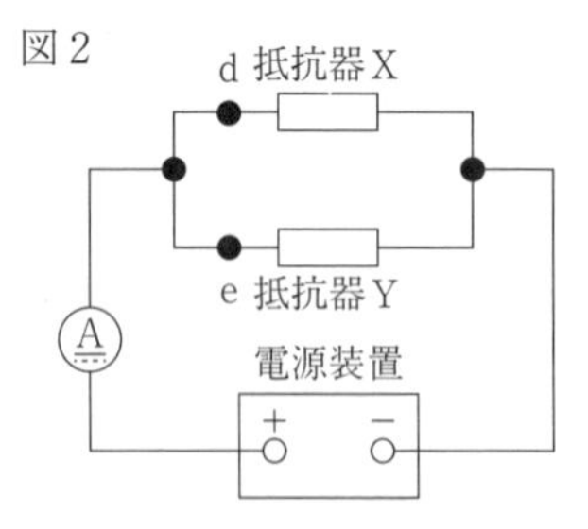

1．図1，図2のような回路を，それぞれの抵抗器のつなぎ方から何というか。
図1(　　　)　図2(　　　)

2．図1の回路全体の抵抗は何Ωか。(　　　)

3．図2の回路全体の抵抗は何Ωか。(　　　)

4．図1のab間，bc間，ac間の電圧はそれぞれ何Vか。
ab間(　　　)　bc間(　　　)　ac間(　　　)

5．図２のd，eを流れる電流はそれぞれ何Ａか。d（　　　）　e（　　　）

6．図２の電流計（Ⓐ）の指針は何Ａをさすか。（　　　）

3　図1，2の回路について，次の各問いに答えなさい。（大阪産業大附高）

⑴　図１の回路は40 Ωの抵抗㋐と20 Ωの抵抗㋑を並列につないだものです。電源電圧は20Vでした。

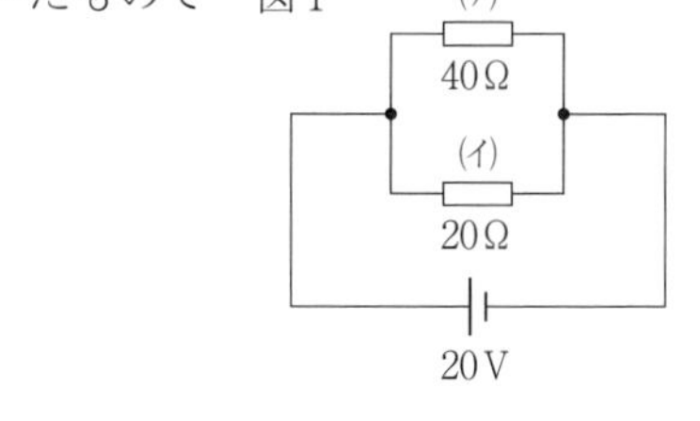

①　図１の抵抗㋐を流れる電流は何Ａですか。（　　　Ａ）

②　図１の電源を流れる電流は何Ａですか。（　　　Ａ）

⑵　図２の回路は10 Ωの抵抗㋒と20 Ωの抵抗㋓を並列につないだものを図１の抵抗に直列につないだものです。抵抗㋑には３Ａの電流が流れています。

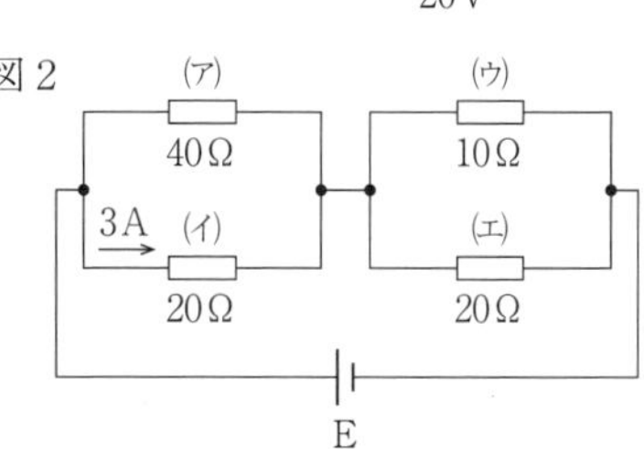

①　図２の抵抗㋐を流れる電流は何Ａですか。（　　　Ａ）

②　図２の抵抗㋓を流れる電流は何Ａですか。（　　　Ａ）

③　図２の電源電圧Ｅは何Ｖですか。（　　　Ｖ）

④　図２の回路の全体の抵抗は何Ωですか。（　　　Ω）

4　図１は，抵抗器ＰとＱについて，加わる電圧と電流の関係を表したグラフです。この２つの抵抗器と，抵抗の大きさがわからない抵抗器Ｒ，12Vの直流電源を使って図２のような回路をつくりました。これについて問１，問２に答えなさい。ただし，導線の抵抗は無視できるものとします。

（京都産業大附高）

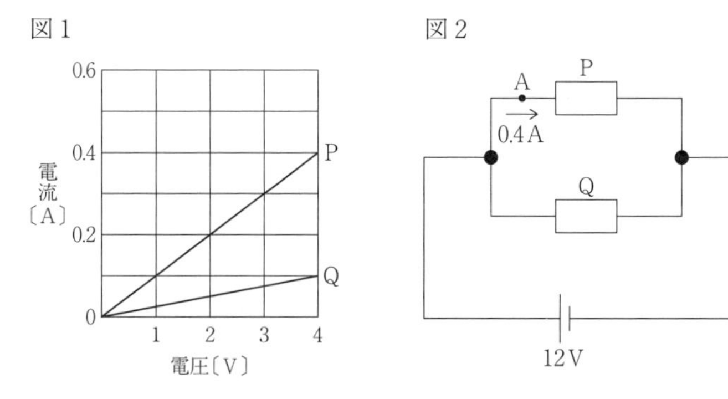

問１　図２において点Ａで流れる電流は0.4Aでした。抵抗器Ｐ，Ｑ，Ｒの抵抗の大きさはそれぞれ何Ωですか。Ｐ（　　　Ω）　Ｑ（　　　Ω）　Ｒ（　　　Ω）

問２　図２において，回路全体の抵抗の大きさは何Ωですか。（　　　Ω）

§2．電力・発熱量

5　下の表1は，いろいろな電気器具を100Vの家庭用電源で使用したときの消費電力および，1日あたりの使用時間を示している。また，表2はてづか電力の電気料金表である。これらについて下の各問いに答えなさい。　（帝塚山学院泉ヶ丘高）

表1　電気器具の消費電力と1日あたりの使用時間

電気器具	消費電力[W]	1日あたりの使用時間
電気ポット	1000	6分
電灯	100	10時間
テレビ	200	5時間
冷蔵庫	50	24時間
掃除機	1200	1時間

表2　てづか電力の電気料金表

最初の10kWh（キロワット時）まで	350円
10kWhを超えた分	1kWhあたり30円

⑴　電気ポットに20℃の水500gを入れて100Vの家庭用電源につなぎ，1分45秒間電流を流した。①～③の各問いに答えなさい。

①　電気ポットに流れた電流は何Aですか。（　　　A）

②　このとき，電気ポットで発生した熱量は何Jですか。（　　　J）

③　このとき，電気ポットの水の温度は何℃になりましたか。ただし，1gの水の温度を1℃上昇させるのに必要な熱量を4.2Jとし，発生した熱量はすべて水の温度上昇に用いられるものとする。（　　　℃）

⑵　表1の電気器具の中で，抵抗が最も大きいものはどれですか。次のア～オから1つ選び，解答欄の記号を○で囲みなさい。（ア　イ　ウ　エ　オ）

ア．電気ポット　　イ．電灯　　ウ．テレビ　　エ．冷蔵庫　　オ．掃除機

⑶　この家庭がある地域では，てづか電力が電気を供給している。毎日表1に示した時間，これらの電気器具を使用したとき，この家庭の1ヶ月（30日）の電気料金は何円になりますか。ただし，この家庭には表1に示した電気器具しかないものとする。（　　　円）

⑷　通常，家庭には「ブレーカー」とよばれる装置が設置されている。ブレーカーは回路に過大な電流が流れると，回路を遮断し，電流が流れなくなる。この現象を「ブレーカーが落ちる」という。いま，回路に同時に20Aをこえる電流が流れるとブレーカーが落ちるとし，表1に示した電気器具がすべて同じ回路に存在するとき，「ブレーカーが落ちる」電気器具の組み合わせとして適当なものを，次のア～エからすべて選び，解答欄の記号を○で囲みなさい。（ア　イ　ウ　エ）

ア．電灯・テレビ・冷蔵庫　　イ．電気ポット・電灯・テレビ・冷蔵庫

ウ．電灯・冷蔵庫・掃除機　　エ．電気ポット・掃除機・冷蔵庫

6 図のように50 Ωの電熱線を水200gに沈め，電源の電圧を20Vにした。

（金蘭会高）

水　電熱線

(1) この電熱線に流れる電流は何Aですか。(　　　A)

(2) この電熱線が消費する電力は何Wですか。(　　　W)

(3) この電熱線に5分間電流を流したとき，水の温度上昇は何℃になりますか。小数第2位を四捨五入して答えなさい。ただし，電熱線から発生した熱はすべて水の温度上昇に使われ，水1gの温度を1℃上昇させるために必要な熱量を4.2Jとする。(　　　℃)

7 抵抗の大きさが違う電熱線A，Bがあります。18℃の水100gを入れた容器に，電熱線A，Bをそれぞれ入れて図1のような装置をつくりました。電源電圧の大きさを10Vとして，3分間電流を流したあと，それぞれの水温を調べたところ，下の表のようになりました。ただし，電熱線から発生する熱はすべて水温の変化につかわれるものとします。また，水1gを1℃上昇させるのに必要な熱量は4.2Jとします。次の各問いに答えなさい。 （東海大付大阪仰星高）

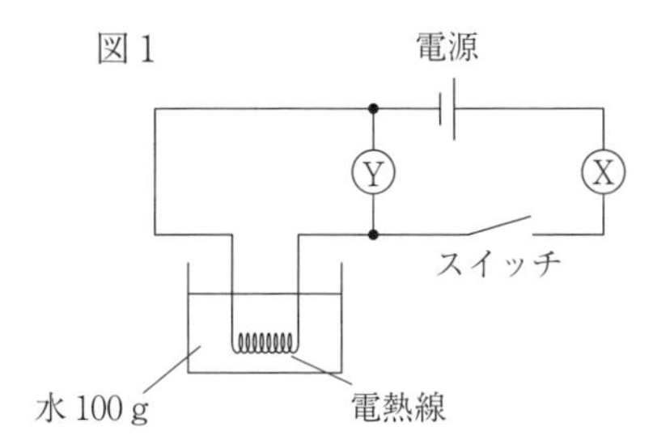

図1

電流が流れ始めてからの時間〔分〕	0	1	2	3
電熱線Aの水温〔℃〕	18.0	19.8	21.6	23.4
電熱線Bの水温〔℃〕	18.0	18.6	19.2	19.8

問1．図のX，Yには電流計と電圧計のどちらかを接続します。XとYに接続する計器として適切なものはどちらですか，それぞれ答えなさい。X(　　　)　Y(　　　)

問2．電熱線A，Bの3分間の発熱量は何Jですか，それぞれ答えなさい。

電熱線A(　　　J)　電熱線B(　　　J)

問3．電熱線Aを使って15分間電流を流したとき，消費される電力量は何kWhですか，答えなさい。(　　　kWh)

問4．電熱線Bを使ったとき，電流計には何Aの電流が流れますか，答えなさい。(　　　A)

問5．電熱線A，Bの抵抗の大きさは何Ωですか，小数点以下第2位を四捨五入して，それぞれ答えなさい。電熱線A(　　　Ω)　電熱線B(　　　Ω)

問6．図2のように，18℃の水100gを入れた容器に，電熱線A，Bをそれぞれ入れ並列に接続し，電源電圧を変えずに10分間電流を流しました。このとき，それぞれの容器の水温は合わせて何℃上昇しますか，答えなさい。

(　　　℃)

図2

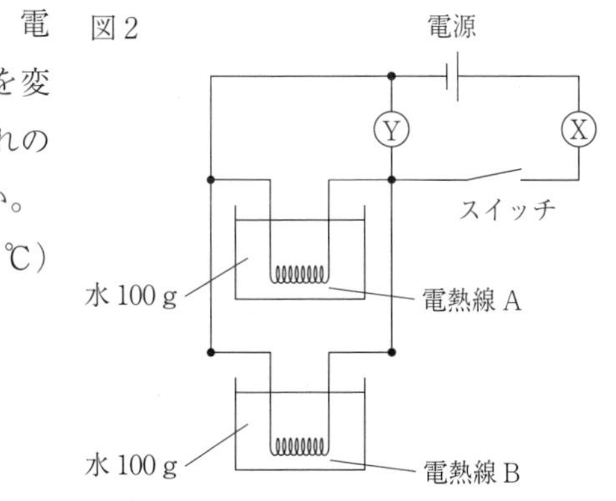

§3．磁界

8 問1　次の文中の空欄【 1 】～【 3 】に適する語句を答えなさい。　(京都産業大附高)

1(　　　)　2(　　　)　3(　　　)

磁石のまわりに方位磁針を置くと，方位磁針に力がはたらきます。このような力を【 1 】といい，【 1 】のはたらく空間を磁界といいます。また，棒磁石のまわりに鉄粉をまくと模様ができます。この模様は磁界のようすを表しており，この模様に沿った線のことを【 2 】といいます。一般に【 2 】の間隔が狭いところは広いところと比べて磁界が【 3 】です。

問2　図1は2つの棒磁石のまわりに鉄粉をまいたときの様子です。(1)～(3)の問いに答えなさい。

図1

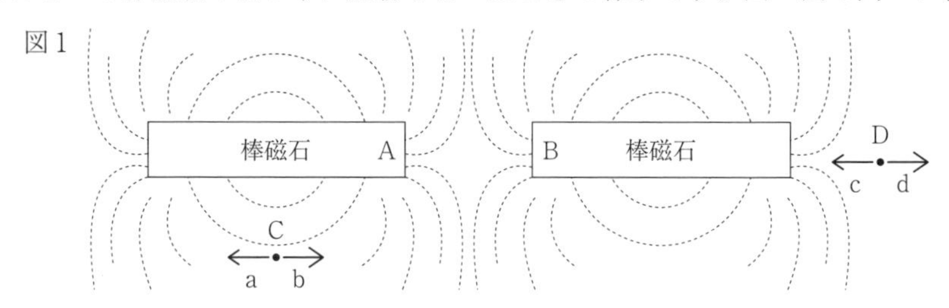

(1)　図のAとBの極はどのような組み合わせだと考えられますか。次のア～ウから選び記号で答えなさい。(　　　)

ア　同極　　イ　異極　　ウ　この図1では判断できない

(2)　AがS極のとき，C点での磁界の向きはa，bのどちらですか。記号で答えなさい。(　　　)

(3)　BがN極のとき，D点での磁界の向きはc，dのどちらですか。記号で答えなさい。(　　　)

問3　電流が流れていない導線の真上のA点に方位磁針を置くと磁針は南北を指して止まっていました。図2のように導線に電流を矢印の向きに流したとき，導線の真上のA点に置いた磁針N極が指す向きとして適当なものを，下のア～エから選び記号で答えなさい。(　　　)

図2

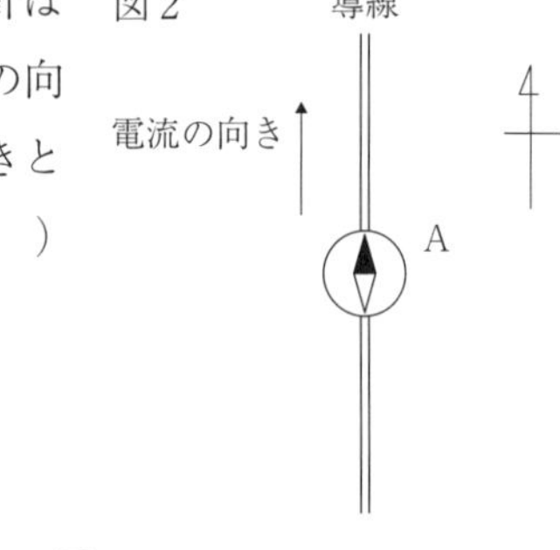

ア　イ　ウ　エ

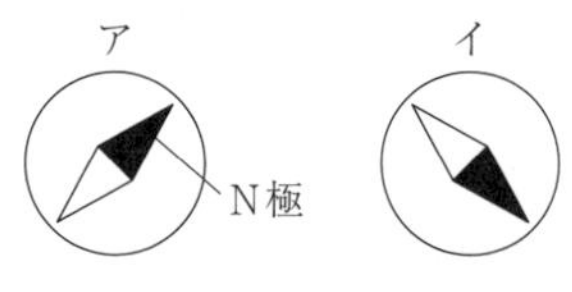

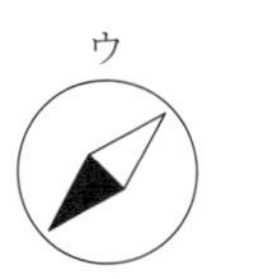

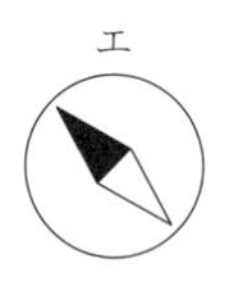

問4　図3のように，十分に長い導線1を置いて電流を流しました。平面Aは導線1に垂直な平面を表しています。導線1の周りに置いた方位磁針のようすを上から見た図として適当なものを，ア～エから選び記号で答えなさい。ただし，地球により生じる磁界の影響は無視できるものとします。(　　　)

図3

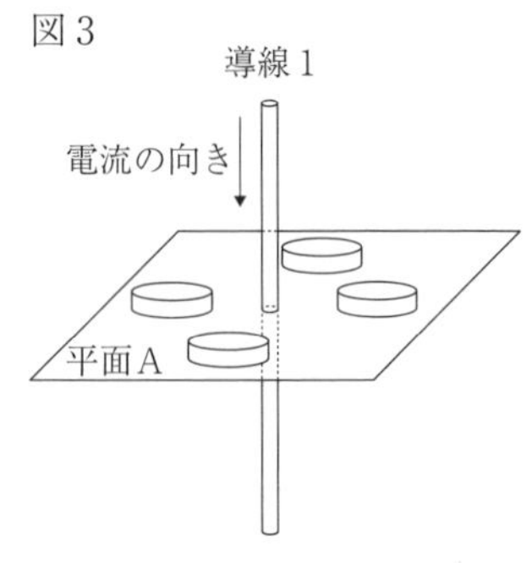

ア

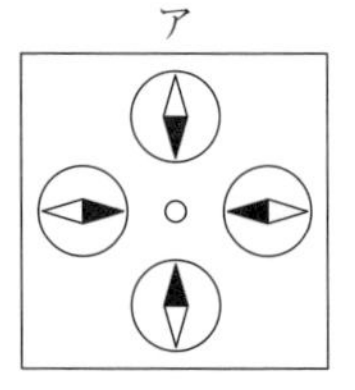

イ

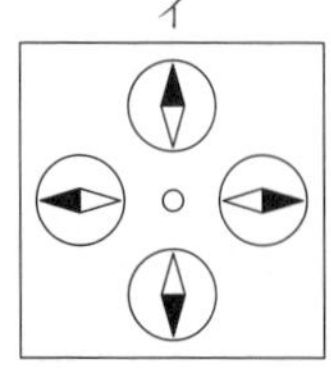

ウ

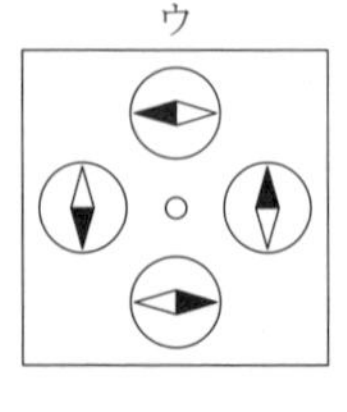

エ

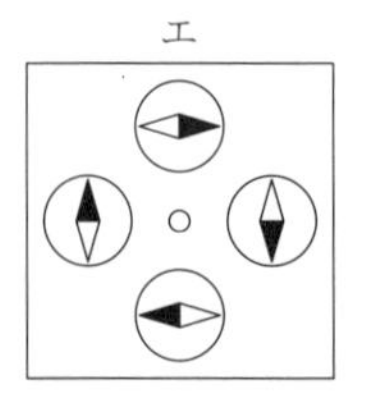

問5　図4のように，導線1と平行に十分に長い導線2を置き，同じ向きに電流を流しました。平面Bは導線1・導線2に垂直な平面を表しています。このとき，導線2は導線1に流れる電流が作る磁界によって力を受けます。その力の向きを，ア～カより選び記号で答えなさい。なお，オは平面を垂直上向きに貫く向き，カは平面を垂直下向きに貫く向きとします。

（　　）

図4

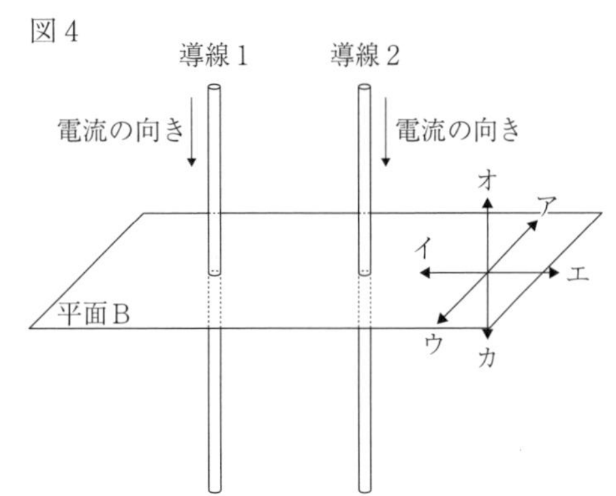

9　次の実験について，以下の問いに答えなさい。　（大阪学院大高）

〔実験〕コイル，U字形磁石，電熱線，電流計，電圧計などを用いて，図1のような装置をつくりました。図2は，スイッチを入れ，電流を流したときの磁石のまわりを拡大した模式図です。電流を流したとき，コイルは図2の矢印の向きに少し動いて静止しました。このとき，AB間の電圧は8V，回路を流れる電流は0.5Aでした。

〔図1〕　〔図2〕

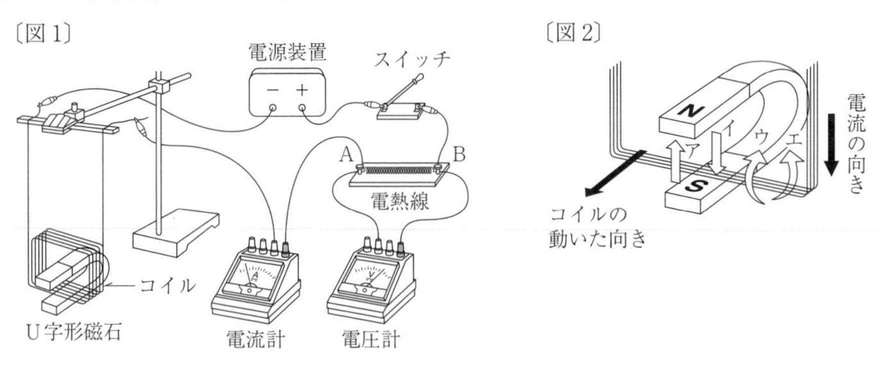

(1)　実験で用いた電熱線の抵抗は何Ωですか。（　　　Ω）

(2)　磁石による磁界の向きと，コイルに電流を流したときに生じる磁界の向きを図2のア～エからそれぞれ1つずつ選び，記号で答えなさい。磁石（　　）　コイル（　　）

(3)　図1の装置で，電源装置の電圧を変えずに電熱線を抵抗の小さいものに替え，スイッチを入れるとコイルの動きは初めの実験結果に比べてどのようになりますか。適切なものを次のア～エから選び，記号で答えなさい。（　　）

ア．動きは変わらない。　イ．動きは小さくなる。　ウ．動きは大きくなる。

エ．まったく動かなくなる。

(4)　U字形磁石のN極とS極を図2の状態から上下逆にすると，コイルの動きは初めの実験結果に比べてどのようになりますか。適切なものを次のア～ウから選び，記号で答えなさい。（　　）

ア．動く向きは変わらない。　イ．動く向きは逆になる。　ウ．まったく動かなくなる。

§4．電磁誘導

10　右の図のようなコイルを用いて，コイルの上側からＮ極を下にした棒磁石を近づけたところ，コイルに図のｂの方向に電流が流れた。これについて，下の問いに答えなさい。　(大阪偕星学園高)

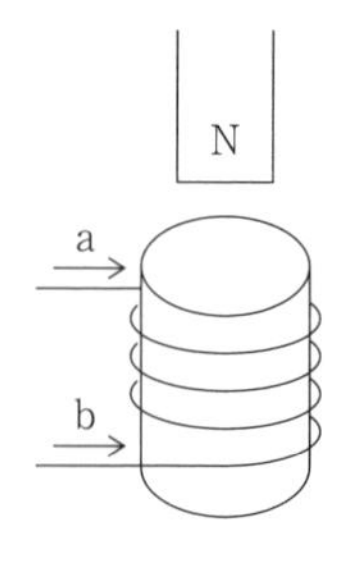

(1)　磁石やコイルを動かすと，コイルのまわりの磁界が変化し，電流が流れる。この現象を何というか答えなさい。(　　　)

(2)　次の①～③のとき，コイルに流れる電流はどのようになるか。最も適当なものを下のア～オよりそれぞれ選び，記号で答えなさい。

①　Ｎ極を下にしてコイルに入れた棒磁石を，上側に引き抜いた。(　　　)

②　Ｎ極を下にした棒磁石を，コイルに入れて静止させた。(　　　)

③　Ｎ極を下にした棒磁石を，上から下へコイルを通過させた。(　　　)

ア　図のａの方向に電流が流れる。　　イ　図のｂの方向に電流が流れる。

ウ　コイルに入る前はａの方向に電流が流れ，通過後はｂの方向に電流が流れる。

エ　コイルに入る前はｂの方向に電流が流れ，通過後はａの方向に電流が流れる。

オ　電流は流れない。

(3)　コイルに流れる電流についての次の記述ア～オより適当でないものを１つ選び，記号で答えなさい。(　　　)

ア　コイルの巻き数を多くすると，流れる電流は強くなる。

イ　磁力の強い棒磁石を使用すると，流れる電流は強くなる。

ウ　棒磁石の動きを速くすると，流れる電流は強くなる。

エ　棒磁石をコイルの上側で左右に動かしても，電流は流れる。

オ　棒磁石を静止させたままコイルを動かしても，電流は流れない。

11　コイルの性質について，あとの各問いに答えなさい。　(香ヶ丘リベルテ高)

図１のように検流計を接続したコイルＡに棒磁石のＮ極をすばやく近づけると，検流計の針が振れた。これについてあとの問いに答えなさい。

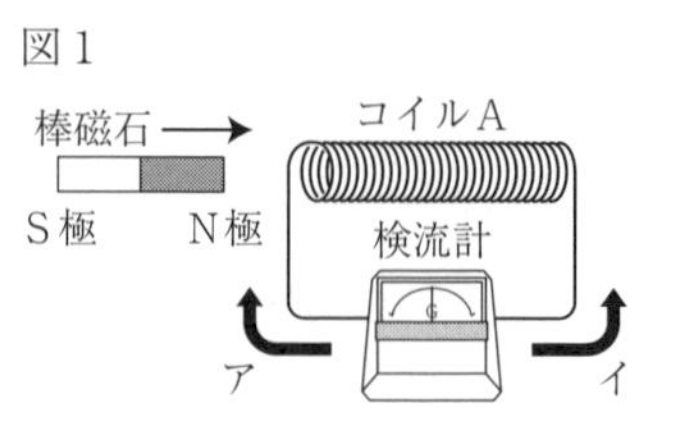

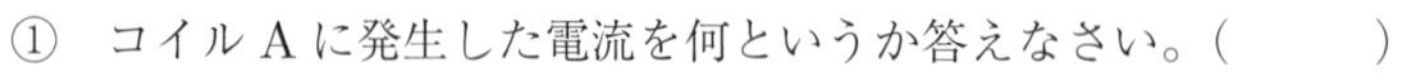

①　コイルＡに発生した電流を何というか答えなさい。(　　　)

②　このときに流れた電流の向きはア・イのどちらか。記号で答えなさい。(　　　)

③　このときに流れた電流と逆向きの電流を発生させるには，次のア～オのどの方法が適しているか。１つ選んで記号で答えなさい。(　　　)

ア　Ｎ極をゆっくり近づける　　イ　Ｓ極をすばやく近づける

ウ　Ｓ極をすばやく遠ざける　　エ　コイルＡの巻き数を増やす

オ　コイルの中に鉄心を入れる

2024·2025年度
受験用

近畿の高校入試
中1·2の復習
理科

解答·解説

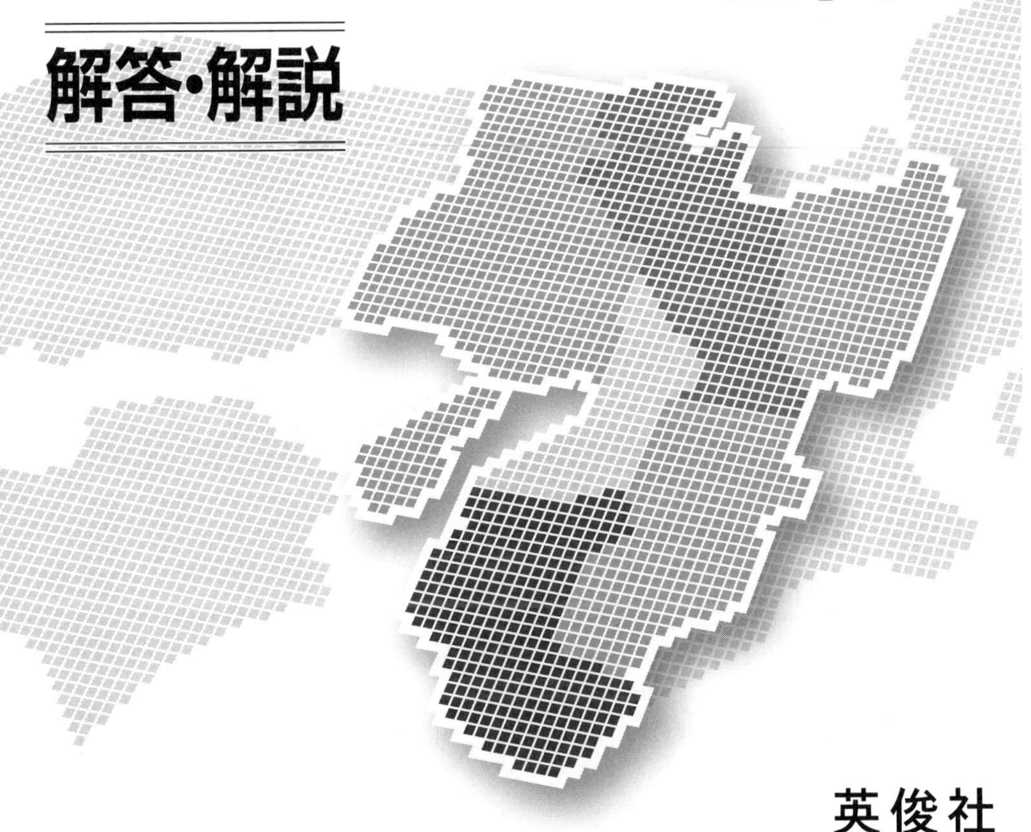

英俊社

1．植物のつくりと種類

§1．生物の観察（2ページ）

1 (3)　20 × 15 = 300（倍）
(4)　顕微鏡の視野は，上下左右が反対になる。
よって，プレパラートを右下（(エ)）に動かすと，視野の中のゾウリムシは左上に動く。

答
(1) (ウ)→(イ)→(ア)→(エ)
(2) しぼり（と）反射鏡
(3) 300（倍）
(4) (エ)
(5) 暗くなる
(6) 目をいためるため。

2 問1．水の中の微生物は，植物や石，水底の落葉などの表面に集まって繁殖する。
問2．
ア．日光が顕微鏡の視野に入ると目を傷めるため，直接日光が当たらないようにする。
イ．高倍率にすると視野が狭くなり，光量も減少するため，しぼりを調節して明るくなるようにする。
問3．a はミジンコ，b はハネケイソウ。
問4．ミジンコは肉眼でも見ることができる。
問5．甲殻類は，エビやカニのなかま。外とう膜をもつのはイカ，タコ，貝などの軟体動物のなかま。

答
問1．イ
問2．ウ・エ
問3．オ
問4．a
問5．オ

§2．花のつくり（4ページ）

3 (1)　観察するものが動かせるときは，観察するものを前後に動かしてピントを合わせる。
(2)　A はがく，C はおしべ，D はめしべ。

答
(1) 手
(2) B
(3) 子房
(4) 受粉

4 (2)　胚珠が子房に包まれている。
(5)　胚珠を包む子房がなく，胚珠がむき出しの状態。
(7)　風に運ばれやすいように，花粉は小さく，空気の袋がついている。
また，つくられる花粉の数は多い。

答
(1) A．おしべ　B．子房　C．胚珠　D．がく
(2) 被子植物
(3) 種子
(4) E
(5) 裸子植物
(6) イ）
(7) イ）

5 (2) X は花粉。

答
(1) A．オ　B．カ　C．イ　D．ウ　E．ア　F．ク
(2) 受粉

6 (1)・(3)　図1の A は雌花，B は雄花，C は1年前の雌花，D は2年前の雌花。
(4)～(6)　図2の a は雄花のりん片で，アは花粉のう。b は雌花のりん片で，イは胚珠。図3の①はおしべのやくなので，図2のアと同様に，中で花粉をつくる。
また，図3の②は胚珠なので，図2のイにあたる。
(7)・(8)　図3の③は子房で，受粉後，成長して果実になる。被子植物のめしべには子房があるが，マツのような裸子植物には子房がない。

答
(1) B
(2) りん片
(3) A
(4) b
(5) ア．花粉のう　イ．胚珠
(6) ア．①　イ．②
(7)（番号）③　（名称）子房
(8) 裸子植物
(9) 風

§３．根・茎・葉のつくり（6ページ）

7 （問１）発砲ポリエチレンにはさんで，発泡ポリエチレンごとうすく切る。
（問２）ａの表皮細胞，ｃの道管，ｄの師管には葉緑体がない。

答
（問１）㈤
（問２）ｂ・ｅ・ｆ
（問３）ｃ
（問４）（記号）ｇ　（名称）気孔

8 ⑴　ａは双子葉類，ｂは単子葉類の茎の断面図。

答
⑴（名称・分類名の順に）ａ．ダイズ・双子葉(類)
ｂ．トウモロコシ・単子葉(類)
⑵ ① イ　② 道管　③ ア　④ 師管　⑤ 維管束
⑶（現象名）蒸散　（ウの名称）気孔

9 問１．道管は茎の断面の内側，師管は外側にある。
問２．イは師管のはたらき，ウは気孔のはたらき。
問３．図は被子植物の双子葉類のからだのつくりを表している。マツは裸子植物，スギゴケはコケ植物，トウモロコシは被子植物の単子葉類。

答
問1．Ａ．道管　Ｂ．師管
問2．ア
問3．ウ

10 ⑴　ホウセンカは双子葉類なので，茎の維管束は輪のように並んでいる。トウモロコシは単子葉類なので，維管束はバラバラに並んでいる。
⑷③　デンプンは水に溶けにくいので，水に溶けやすい物質に変えられて体全体に運ばれていく。
⑸ウ．根の道管の太さは茎の道管と比べてそれほど差はない。

答
⑴ 図１
⑵ ｂ・ｇ
⑶ ｃ・ｆ
⑷ ① 気孔　② 蒸散　③ 溶けやすい
⑸ ウ

11 ⑶　主根・側根があるＢの植物は被子植物の双子葉類。②・③は被子植物の単子葉類。

⑴ ①
⑵ 根毛
⑶ ①
⑷ 道管
⑸ 維管束
⑹ ①

§４．光合成・呼吸・蒸散（9ページ）

12 問１．葉の中のデンプンをなくすために，アジサイの鉢植えを暗い場所に置いておく。
問６．デンプンの有無を確かめるため，ヨウ素溶液を用いる。
問７．
⑴　図より，光が当たっているが，葉緑体の有無だけが異なる部分を比べる。
⑵　図より，葉の緑色の部分のうち，光の有無だけが異なる部分を比べる。

問1．ウ
問2．網状脈
問3．〔ふの部分に〕葉緑体がないため。
問4．エ
問5．葉を脱色するため。
問6．ヨウ素〔溶〕液
問7．⑴ ア　⑵ オ

13 ⑻　ヨウ素溶液はデンプンがあると青紫色に変化するので，デンプンができた部分をぬりつぶす。葉の上半分はアルミニウムはくでおおわれて日光が当たらないので，デンプンができていない。葉の下半分は日光が当たるが，⑷より，ふ入りの部分はデンプンができていない。葉の下半分のうち，緑色の部分のみデンプンができている。

⑴ ① 光(または，日光)　② 光合成
⑵ 二酸化炭素
⑶ 呼吸
⑷ 葉緑体
⑸ ① うすく(または，白く)　② 緑
⑹ ヨウ素
⑺ 青紫色
⑻（前図）

14 (2) 試験管Bはアルミニウムはくで包まれているので，日光が当たらず，オオカナダモは呼吸だけをしている。

(3) 試験管Aには十分日光が当たっているので，光合成がさかんに行われ，酸素が発生する。

(4) 試験管Aに日光を当て続けると，光合成で使う二酸化炭素がなくなるので，酸素の気泡が発生しなくなる。
よって，もう一度水溶液中に二酸化炭素を補充する操作を行えばよい。

(1) イ
(2) ウ
(3) イ
(4) エ
(5) エ

15 (1) 蒸散する部分をまとめると，Aは葉の裏と茎，Bは葉の表と茎，Cは茎。表より，AとBの水の減少量を比べると，Aは4.8g，Bは2.6gなので，葉の裏側で蒸散が盛んにおこなわれていることがわかる。

(4) 葉の表側からの，1時間の水の減少量は，
　B－C＝2.6（g）－1.2（g）＝1.4（g）
葉の裏側からの，1時間の水の減少量は，
　A－C＝4.8（g）－1.2（g）＝3.6（g）
茎からの水の減少量は1.2g。アジサイにワセリンを塗らないとき，葉の表，葉の裏，茎から蒸散するので，1時間の水の減少量は，
　1.4（g）＋3.6（g）＋1.2（g）＝6.2（g）

(6) 植物が光合成をおこなうときには，空気中の二酸化炭素を気孔から取り入れ，酸素を気孔から放出する。また，植物が呼吸をおこなうときには，空気中の酸素を気孔から取り入れ，二酸化炭素を気孔から放出する。

(1) 裏
(2) 大きくなる
(3) 蒸発するから。
(4) 6.2（g）
(5) 気孔
(6) 酸素(または，二酸化炭素)

16 〔問2〕 BTB溶液はアルカリ性のときに青色，中性のときに緑色，酸性のときに黄色を示す。実験Iの(ii)より，青色のBTB溶液に息をふきこむと，息の中にふくまれる二酸化炭素が水に溶けて中性となり，BTB溶液は緑色になる。実験Iの(iii)(iv)より，試験管Aには光が十分に当たっているので，光合成がさかんに行われて，二酸化炭素がオオカナダモに取り入れられ，BTB溶液中の二酸化炭素が少なくなる。
よって，試験管AのBTB溶液の色はもとの青色になる。試験管Bでは，光が当たらないので光合成は行われず，呼吸だけが行われる。オオカナダモの呼吸によって出される二酸化炭素が水に溶けて酸性になるので，BTB溶液の色は黄色になる。

〔問6〕 ワセリンをぬったところからは蒸散がおこらないので，表2より，アジサイAでは葉の裏側と茎から，アジサイBでは葉の表側と茎から，アジサイCでは茎からだけ蒸散がおこると考えられる。表3より，試験管内の水の減少量は蒸散量とほぼ同じと考えると，葉の裏側と茎からの蒸散量は4.8g，葉の表側と茎からの蒸散量は2.6g，茎からの蒸散量は1.1gなので，葉の裏側からの蒸散量は，
　4.8（g）－1.1（g）＝3.7（g）
また，葉の表側からの蒸散量は，
　2.6（g）－1.1（g）＝1.5（g）
葉のどこにもワセリンをぬらないアジサイは，葉の表側，裏側，茎のすべてから蒸散がおこるので，同様の実験を行った場合の試験管内の水の減少量は，
　3.7（g）＋1.5（g）＋1.1（g）＝6.3（g）

答

〔問1〕対照実験
〔問2〕① イ　② ア　X. 二酸化炭素
〔問3〕蒸散
〔問4〕気孔
〔問5〕水面からの水の蒸発を防ぐため。(同意可)
〔問6〕イ

17 (3) 強い光が当たって，光合成がさかんなときは，呼吸によって出ていく二酸化炭素よりも光合成でとり入れる二酸化炭素の方が多く，呼吸でとり入れる酸素よりも光合成によって出ていく酸素の方が多いので，二酸化炭素をとり入れて酸素を出しているように見える。

(1) 孔辺細胞

(2) 蒸散

(3) 呼吸よりも光合成で出入りする気体の量が多いから。

18 (7)　ワセリンをぬった部分では蒸散を行うことができない。Aの水の減少量は葉の表・葉の裏・茎からの蒸散量，Bの水の減少量は葉の裏・茎からの蒸散量，Cの水の減少量は葉の表・茎からの蒸散量，Dの水の減少量は茎からの蒸散量を表している。Aの水の減少量は，

$10\ (\mathrm{m}\ell) - 3.0\ (\mathrm{m}\ell) = 7.0\ (\mathrm{m}\ell)$

Bの水の減少量は，

$10\ (\mathrm{m}\ell) - 5.0\ (\mathrm{m}\ell) = 5.0\ (\mathrm{m}\ell)$

AとBの水の減少量の差が，葉の表からの蒸散量を表すので，

$7.0\ (\mathrm{m}\ell) - 5.0\ (\mathrm{m}\ell) = 2.0\ (\mathrm{m}\ell)$

(1) (子房に覆われている) 被子植物
(子房に覆われていない) 裸子植物

(2) 気孔

(3) 蒸散

(4) 道管

(5) 光がよく当たるようにするため。(15字)

(6) 水面からの蒸発をふせぐため。(14字)

(7) 2.0 (mℓ)

§5．植物のなかま (16ページ)

19 (1)　種子は胚珠が成長してできる。胞子でふえる植物は花を咲かせない。

(1) カ

(2) X. 子房　あ. 裸子　い. 被子

(3) a. イヌワラビ　b. スギ　c. トウモロコシ　d. アサガオ　e. アブラナ

20 (1)～(3)　図より，「花を咲かせ，種子でふえる」の観点で「いいえ」の植物はシダ植物とコケ植物。シダ植物は根・茎・葉の区別があるが，コケ植物はないので，Xにあてはまる観点は(エ)。「胚珠が子房の中にある」の観点で「いいえ」の植物であるDは裸子植物，「はい」の植物は被子植物で，Yにあてはまる観点で双子葉類と単子葉類に分けられる。双子葉類はさらに分類することができるので，植物Cは単子葉類。

よって，Yにあてはまる観点は(ア)。双子葉類を合弁花類と離弁花類に分けるZにあてはまる観点は(ウ)。植物BはZの観点で「いいえ」の植物なので合弁花類。

(5)　コケ植物には根・茎・葉の区別がなく，水や養分を体の表面全体から吸収する。

(1) X. (エ)　Y. (ア)　Z. (ウ)

(2) B. 合弁花(類)　C. 単子葉(類)

(3) 裸子(植物)

(4) 胞子

(5) 体の表面全体

(6) (タンポポ) B　(スギ) D

21 (1)　コケ植物は維管束が発達していない。根，茎，葉の区別がなく，全身で水を吸収する。

(2)　維管束には，根から吸収した水を通す道管と，葉でつくられた養分を通す師管の2種類の管がある。

(3)・(4)　コケ植物やシダ植物は花を咲かせず，胞子でなかまをふやす。

(1) ① なく　② ない

(2) 道管

(3) 胞子

(4) シダ植物

(5) 裸子植物

2．大地の変化

§1．火山・火成岩 (18ページ)

1 (4)　石灰岩，れき岩，泥岩，チャートは堆積岩。

(6)　㋐は，火山岩に見られる斑状組織。

(1) ① ㋑　② ㋒　③ ㋐

(2) 鉱物

(3) ㋒

(4) ② ㋑・㋕・㋘　③ ㋓・㋗・㋙

(5) ㋒

(6) ㋑

2 (2)ア．火山灰中の鉱物は角ばっている。

イ．火山灰は風によって運ばれるので，火山から離れるほど鉱物が小さいものが多い。

ウ．含まれる鉱物で無色鉱物が多いほどマグマ

のねばりけが大きくなるので，含まれる鉱物の種類はマグマの性質に関係する。

エ．鉱物の中には磁鉄鉱という磁石に引きつけられるものがある。

(3)　Zはチョウ石の特徴。

(4)　図2より，セキエイ・チョウ石・クロウンモを含む岩石は花こう岩と流紋岩で，マグマが地表で急に冷えてできる岩石なので，火山岩の流紋岩と考えられる。

(6)　図のⅠのように噴火しているので，マグマのねばりけが弱いとわかり，マグマのねばりけが弱いマグマが冷えてできた岩石は黒っぽいので，無色鉱物が少ない玄武岩質のマグマと考えられる。

答

(1) A．斑晶　B．石基　C．等粒状組織
(2) エ
(3) ア
(4) エ
(5) ア
(6) ウ

3　問1．マグマのねばりけが弱いほど，火山は横に広がる。

問2．㋐・㋑はB，㋔はCの代表的な火山。

問3．マグマのねばりけが弱いほど，噴出物が黒っぽい。

答

問1．A → B → C
問2．㋒・㋓
問3．C
問4．㋐→㋒→㋑→㋓

§2．堆積岩・地層 (21ページ)

4　(2)　一粒が重いれきはすぐに沈み，河口に近い場所から堆積する。一粒が軽い泥はすぐには沈まず，沖まで運ばれて堆積する。砂はれきと泥の間に堆積する。

(3)　生物の遺骸からできる堆積岩は石灰岩とチャート。主成分は，石灰岩は炭酸カルシウムで，チャートは二酸化ケイ素。

(6)　サンゴは温暖な浅い海で生育する。

答

(1) ① 風化　② 侵食　③ 運搬　④ 堆積
⑤ 扇状地　⑥ 三角州
(2) C．泥　D．砂　E．れき
(3) チャート
(4) 示準化石
(5) ア・ウ
(6) 暖かくて浅い海
(7) 海岸段丘

5　(2)　泥岩，砂岩，れき岩の順に堆積しているので，水深ははじめは深く，だんだん浅くなっていったと考えられる。

(3)　地点Aの地層と共通の地層の並びがあるのは，地点Cのれき岩と砂岩が堆積している部分。地点Cの砂岩の下部からおよそ8m〜10m下に凝灰岩の層がある。地点Aのれき岩の層の下にある砂岩の層の下部は，地表からの深さ15mの深さなので，

15 (m) + 8 (m) = 23 (m)，
15 (m) + 10 (m) = 25 (m)

より，地点Aにおける凝灰岩の層は23m〜25mの深さにある。

(4)　まず，地点Bと地点Cを比べる。地点Bは標高55mなので，

55 (m) − 15 (m) = 40 (m)

に凝灰岩の層と砂岩の層の境目がある。地点Cは標高60mなので，

60 (m) − 20 (m) = 40 (m)

に凝灰岩の層と砂岩の層の境目がある。

したがって，地点Bと地点Cの東西方向に地層の傾きはない。次に，地点Aと地点Bを比べる。地点Aは標高50mなので，(3)より，

50 (m) − 25 (m) = 25 (m)

に凝灰岩の層と砂岩の層の境目がある。

よって，この地域の地層は，地点Aのある北の方向に向かって低くなっていると考えられる。

答

(1) ④
(2) ②
(3) ②
(4) ④

6　(2)　アは凝灰岩，ウは石灰岩・チャート，エは深成岩ができたときの状況。

(3)　粒の大きさが大きいものほど早く沈むので，河口付近の浅いところにはれきや砂が，河口から離れた深いところでは泥が堆積しやすい。

(4)　各地点における凝灰岩（岩石X）の層の標高を比べる。図1より，地点Aの標高は120m。図2より，地点Aの凝灰岩の層の上面は地表から14mの深さにあるので，地点Aにおける凝灰岩の層の上面の標高は，

120 (m) − 14 (m) = 106 (m)

同様に，地点Bの標高は130m。凝灰岩の層の上面は地表から24mの深さにあるので，地点Bにおける凝灰岩の層の上面の標高は，

130 (m) − 24 (m) = 106 (m)

地点Bは地点Aの真南にあり，凝灰岩の層の標高が等しいので，この地域の地層は南北方向の傾きはないとわかる。地点Cの標高は160m。凝灰岩の層の上面は地表から34mの深さにあるので，地点Cにおける凝灰岩の層の上面の標高は，

160 (m) − 34 (m) = 126 (m)

地点Cは地点Aの真東にあり，凝灰岩の層の標高が地点Aより高いので，この地域の地層は東に向かって高くなっているとわかる。

(5)　地点Pの標高は150m。地点Pは地点Cの真南にあるので，凝灰岩の層の上面の標高は地点Cと同じ126m。

よって，凝灰岩の層の上面は地表から，

150 (m) − 126 (m) = 24 (m)

の深さにある。

(1) エ
(2) イ
(3) イ
(4) 東
(5) イ
(6) ① ア　② 示相化石

7　(1)　地点A～Cの凝灰岩の層の下面の標高を求めると，地点Aは，

80 (m) − 5 (m) = 75 (m)

地点Bは，

85 (m) − 10 (m) = 75 (m)

地点Cは，

90 (m) − 15 (m) = 75 (m)

これより，この周辺の地層は水平になっており，標高75mの位置には凝灰岩の層の下面がある。地点Eの標高は75mなので，そこから深さ3mの地点には，凝灰岩の層の下にある泥岩の層がある。

(2)　石灰岩にうすい塩酸をかけると，二酸化炭素が発生する。

(3)　凝灰岩の層の下面があるのは標高75m。地点Dの標高は95mなので，地点Dの地表から凝灰岩の層の下面がある位置までの深さは，

95 (m) − 75 (m) = 20 (m)

(1) 泥岩
(2) 石灰岩
(3) ア
(4) 地層の傾きはない
(5)（化石）示準化石　（地質時代）古生代

§3．地震 (25ページ)

8　(1)　図の点線を延長すると，P波とS波の2本の直線が震源までの距離0km，到達時刻9時10分5秒で交わる。

よって，地震が起きた時刻は，9時10分5秒。

(2)　小さなゆれはP波が到達してからS波が到達するまで続く。P波とS波の到達時刻の差は，図より，A地点で約12.5秒，B地点で約19秒，C地点で25秒，D地点で約31秒。

(3)　図より，震源までの距離200kmのC地点にP波が到達した時刻は9時10分30秒。P波が震源からC地点まで進むのにかかった時間は，

9時10分30秒－9時10分5秒＝25（秒）

P波の速さは，

$$\frac{200\ (\mathrm{km})}{25\ (\mathrm{s})} = 8\ (\mathrm{km/s})$$

(4)①　図より，震源までの距離200kmのC地点にS波が到達した時刻は9時10分55秒。S波が震源からC地点まで進むのにかかった時間は，

9時10分55秒－9時10分5秒＝50（秒）

したがって，S波の速さは，

$$\frac{200\ (\mathrm{km})}{50\ (\mathrm{s})} = 4\ (\mathrm{km/s})$$

S波が到達した時刻が9時11分45秒なので，S波が震源からこの地点まで進むのにかかった時間は，

9時11分45秒－9時10分5秒＝100（秒）

よって，この地点の震源からの距離は，

$4\,(\mathrm{km/s}) \times 100\,(\mathrm{s}) = 400\,(\mathrm{km})$

② 初期微動継続時間は震源からの距離に比例する。C 地点での初期微動継続時間は 25 秒なので，震源からの距離が 400km の地点では，

$$25\,(秒) \times \frac{400\,(\mathrm{km})}{200\,(\mathrm{km})} = 50\,(秒)$$

(5) マグニチュードは地震の規模を表すので，マグニチュードが大きいと地震波のゆれの大きさが大きくなる。マグニチュードが変わっても P 波や S 波の速さは変わらない。同じ震源なので，各地点の到達時刻は変わらず，初期微動継続時間も変わらない。

(1) 9 (時) 10 (分) 5 (秒)
(2) C
(3) 8 (km/s)
(4) ① 400 (km)　② 50 (秒)
(5) ア・カ
(6) ① 10　② 32　③ 断層　④ ユーラシア
⑤ 北アメリカ(または，北米)

9 (2)② 震源から地点 A までの距離は 60km，地震が発生してから地点 A で初期微動が始まる（地点 A に P 波が到達する）までの時間は，

午後 8 時 54 分 20 秒－午後 8 時 54 分 10 秒 ＝ 10 (秒)

P 波の速さは，

$$\frac{60\,(\mathrm{km})}{10\,(秒)} = 6\,(\mathrm{km}/秒)$$

また，地点 A で大きなゆれが始まった（地点 A に S 波が到達した）時刻は，午後 8 時 54 分 20 秒の 10 秒後の午後 8 時 54 分 30 秒。地震が発生してから地点 A で大きなゆれが始まる（地点 A に S 波が到達する）までの時間は，

午後 8 時 54 分 30 秒－午後 8 時 54 分 10 秒 ＝ 20 (秒)

S 波の速さは，

$$\frac{60\,(\mathrm{km})}{20\,(秒)} = 3\,(\mathrm{km}/秒)$$

(3) 初期微動継続時間は，震源からの距離に比例する。震源から 60km 離れた地点 A での初期微動継続時間は 10 秒なので，震源から 300km 離れた地点 B での初期微動継続時間は，

$$10\,(秒) \times \frac{300\,(\mathrm{km})}{60\,(\mathrm{km})} = 50\,(秒)$$

(4) 地震が発生してから地点 C で大きなゆれが始まる（地点 C に S 波が到達する）までの時間は，

午後 8 時 54 分 40 秒－午後 8 時 54 分 10 秒 ＝ 30 (秒)

よって，震源から地点 C までの距離は，

$3\,(\mathrm{km}/秒) \times 30\,(秒) = 90\,(\mathrm{km})$

(1) 震央
(2) ① 1　② (小さなゆれ) 6 (km/秒)
(大きなゆれ) 3 (km/秒)
(3) 50 (秒)
(4) 90 (km)

10 問 2・問 3．海洋プレートである太平洋プレートは，大陸プレートである北アメリカプレートの下に沈みこむ。海洋プレートであるフィリピン海プレートは，大陸プレートであるユーラシアプレートの下に沈みこむ。

問 5．a 地点と b 地点の震源距離の差は，

$60\,(\mathrm{km}) - 15\,(\mathrm{km}) = 45\,(\mathrm{km})$，

a 地点と b 地点の大きなゆれの観測時刻の差は，

12 時 32 分 45 秒－ 12 時 32 分 30 秒 ＝ 15 (秒)

なので，大きなゆれを伝えた波の速さは，

$$\frac{45\,(\mathrm{km})}{15\,(秒)} = 3\,(\mathrm{km}/秒)$$

a 地点に大きなゆれが到達するのに要した時間は，

$$\frac{15\,(\mathrm{km})}{3\,(\mathrm{km}/秒)} = 5\,(秒)$$

よって，地震の発生時刻は，

12 時 32 分 30 秒－ 5 秒＝ 12 時 32 分 25 秒

問 6．問 5 と同様にして，微小なゆれを伝えた波の速さを求めると，

$$\frac{45\,(\mathrm{km})}{9\,(秒)} = 5\,(\mathrm{km}/秒)$$

震源距離が 30km の地点に微小なゆれが到達するのに要する時間は，

$$\frac{30\,(\mathrm{km})}{5\,(\mathrm{km}/秒)} = 6\,(秒)$$

なので，各地に緊急地震速報が伝わったのは，地震発生から，

$6\,(秒) + 7\,(秒) = 13\,(秒後)$

震源距離が 150km の地点に大きなゆれが到達するのに要する時間は，

$$\frac{150\,(\mathrm{km})}{3\,(\mathrm{km}/秒)} = 50\,(秒)$$

なので，緊急地震速報が伝わってから大きなゆれが始まるまでの時間は，

50（秒）－ 13（秒）＝ 37（秒）

答

問 1. ① 北アメリカ　② 太平洋
③ フィリピン海　④ ユーラシア
問 2. ウ
問 3. ウ
問 4. 断層
問 5. 12 時 32 分 25 秒
問 6. 37（秒後）

3. 動物のつくりと種類

§ 1. 消化と吸収 （28 ページ）

1 (1) 物質 A は分解されると体をつくる材料になるので，タンパク質。物質 C は消化液 a 以外で消化されないので脂肪。残った物質 B が炭水化物。
(2) 消化液 a はすべての物質を消化するのですい液。消化液 b はタンパク質のみを消化するので胃液。消化液 c は炭水化物のみを消化するのでだ液。消化液 d は消化にはかかわっていないので胆汁。
(3) 胆汁には消化酵素はふくまれないが，脂肪を分解しやすくして脂肪の消化を助けている。

答

(1) ウ
(2) a. エ　b. イ　c. ア　d. ウ
(3) ① C　② 脂肪を小さな粒にすること。
(4) カ

2 (1) ①は肝臓，②は胃，③はぼうこう。
(3) ヨウ素液の反応より，試験管 A と試験管 E にはでんぷんが残っていたが，試験管 C はでんぷんがなくなっていたので，だ液は 0 ℃付近や 85 ℃付近でははたらかず，37 ℃付近ではたらくことがわかる。さらに，試験管 C はベネジクト液と反応したので，だ液はでんぷんをより小さな糖に変化させたことがわかる。試験管 G がベネジクト液と反応し，試験管 H はベネジクト液と反応しなかったので，でんぷんが分解されてできた糖の粒はセロハンの穴を通り抜けることができ，でんぷんの粒はセロハンの穴を通り抜けることができないと考えられる。
(4) でんぷんは最終的にブドウ糖に分解されて，小腸の表面から吸収される。

答

(1) ① b　② f　③ d
(2) イ
(3) イ・エ
(4) h

3 問 2.
(ア) 骨を作る主な材料はカルシウム。
(ウ) 血液の材料となるのは鉄やナトリウム。
(エ) エネルギー源となるのは炭水化物や脂肪。
問 6. 細胞は細胞呼吸によってエネルギーをとり出す。

問 1. (エ)
問 2. (イ)
問 3. (イ)
問 4. (ア)
問 5. (エ)
問 6. (ア)

4 (1) 消化酵素は，人の体温程度の温度でもっともよくはたらく。
(2)ア. 試験管 A はヨウ素液の色が変化しなかったので，デンプンは含まれていない。
イ. 試験管 B はベネジクト液の色が変化したので，麦芽糖が含まれている。
エ. 試験管 D はベネジクト液の色が変化しなかったので，麦芽糖は含まれていない。カ. 試験管 D の結果から，ジャガイモにはもともと麦芽糖は含まれていない。
(3)イ. ペプシンはタンパク質を分解するが，脂肪を分解するはたらきはない。

(1) ウ
(2) ウ・オ
(3) イ
(4) ① 柔毛（または，柔突起）　② 毛細血管
③ リンパ管

§ 2. 血液循環・排出・呼吸 （32 ページ）

5 〔Ⅰ〕
問 1. 心臓から器官に送られる血液が通る血管が動脈で，器官から心臓にもどる血液が通

る血管が静脈。
また，肺から心臓にもどって全身に送られる血液は酸素を多く含む動脈血で，全身から心臓にもどって肺に送られる血液は酸素が少ない静脈血。

問2．魚類の心臓は1心房1心室。両生類は2心房1心室。は虫類は不完全な2心房2心室。鳥類とほ乳類は2心房2心室。

問6．

(2) 43％のヘモグロビンに結びついている酸素は，

$$18\ (\mathrm{mL}) \times \frac{43}{100} = 7.74\ (\mathrm{mL})$$

よって，細胞に酸素を渡す前に結びついていた酸素は，

$$7.74\ (\mathrm{mL}) + 9.9\ (\mathrm{mL}) = 17.64\ (\mathrm{mL})$$

酸素と結びついたヘモグロビンの割合は，

$$\frac{17.64\ (\mathrm{mL})}{18\ (\mathrm{mL})} \times 100 = 98\ (\%)$$

問7．小腸から出るすべての血液は，門脈を通って肝臓に運ばれる。

〔Ⅱ〕

問9．大気中には酸素が約21％含まれる。

問1．イ・ウ・カ
問2．ウ
問3．ウ
問4．ウ
問5．エ
問6．(1) ア　(2) 98（％）
問7．ウ
問8．オ
問9．イ

6 問1～問4．図1のAは右心房，Bは右心室，Cは左心房，Dは左心室。イは肺動脈，ウは肺静脈，エは大静脈，カは大動脈。肺循環の経路は，心臓→肺動脈→肺→肺静脈→心臓。体循環の経路は，心臓→大動脈→からだの各部分→大静脈→心臓。

問5．②は静脈の特徴。

問6．酸素を多く含む動脈血が流れているのは肺静脈と大動脈。

問8．円盤のような形なのでアは赤血球。最も大きなつくりなのでイは白血球。

問9．①は血小板，③は柔毛，④は心臓，⑥は胆汁のはたらき。

問1．⑤
問2．⑦
問3．A．右心房　D．左心室
問4．ウ・エ
問5．③
問6．ウ・カ
問7．毛細血管
問8．ア．赤血球　イ．白血球
問9．ア．⑤　イ．②

7 Ⅰ．

(1)① Cは小腸，Dは腎臓。

② 血液の流れはc→D→b。血液中の尿素が腎臓でこし出されるので，Dを通った後の血液は尿素の割合が最も小さい。

③ 血液の流れはC→e→B。ブドウ糖は小腸で吸収されるので，Cを通った後の血液はブドウ糖が最も多く含まれる。

(2)② 肺から出た血液がaの部屋に流れ込むので酸素を多く含んだ血液が流れる。

③ 肺から出た血液は左心房，左心室を通って全身へ送られる。全身から心臓に戻った血液は右心房，右心室を通って肺へ送られる。

Ⅱ．

(4) 血液は肺で酸素を取り入れて，全身の細胞に酸素を渡す。

(5)① 図3ウより，横軸の数値が10のとき，縦軸の数値は約96％。肺では血液1Lあたり，

$$0.2\ (\mathrm{L}) \times \frac{96}{100} = 0.192\ (\mathrm{L})$$

の酸素と結びつく。1日に送り出される酸素は，

$$0.192\ (\mathrm{L}) \times 7000\ (\mathrm{L}) = 1344\ (\mathrm{L})$$

② 図3ウより，横軸の数値が2のとき，縦軸の数値は約25％。血液に結びついたままの酸素は，

$$0.2\ (\mathrm{L}) \times \frac{25}{100} \times 7000\ (\mathrm{L}) = 350\ (\mathrm{L})$$

渡された酸素は，

$$1344\ (\mathrm{L}) - 350\ (\mathrm{L}) = 994\ (\mathrm{L})$$

(1) ① A．ウ　B．イ　② b
③（記号）e　（名称）〔肝〕門脈
(2) ① 左心房　② ア　③ イ
(3) (A) 赤血球　(B) ヘモグロビン

(4) ウ

(5) ① キ　② オ

8　3．図3より，aは血液中に取りこまれる気体なので酸素，bは血液中から放出される気体なので二酸化炭素。

答

1．ウ

2．エ

3．a．O_2　b．CO_2

4．ヘモグロビン

5．ウ

9　(2)　イはリンパ管に入る。

(4)エ．Bは尿の通り道であり，水分の吸収は行われない。

オ．汗の成分は尿と異なり濃度はうすい。

(5)　赤血球は酸素を運ぶ役割，白血球はウイルスや細菌などを分解する役割，血小板は血液を固める役割がある。

(6)イ．肺動脈には二酸化炭素を多く含む静脈血が流れている。

ウ．体循環でブドウ糖は体内にとりこまれ栄養分として使われる。

答

(1) 組織液

(2) イ

(3) ① アンモニア　② 肝臓

(4) エ・オ

(5) エ

(6) ア．正　イ．誤　ウ．誤

§3．刺激と反応 (38ページ)

10　問4．水晶体で屈折した光は倒立実像を結ぶので，網膜には上下左右が逆の像が結ばれる。

問5．目をつむって外部の光をさえぎると，多くの光をとり入れようとして瞳が開いた状態になる。

問7・問8．空気中の音の振動がDの鼓膜に伝わり，Cの耳小骨で鼓膜の振動が増幅される。液体で満たされたBのうずまき管が音の刺激を受け取ってAの聴神経に伝える。

答

問1．イ

問2．A．水晶体(または，レンズ)　B．虹彩　C．網膜

問3．A．ウ　B．ア　C．イ

問4．エ

問5．イ

問6．反射

問7．A．〔聴〕神経　B．うずまき管　C．耳小骨　D．鼓膜

問8．ア

問9．イ

11　1．最初の人がとなりの人の手をにぎるのはストップウォッチをスタートさせるのと同時なので，実験結果は，2人目から20人目までの19人分の反応時間の和になる。5回目は3.2秒なので，平均すると，

$$\frac{3.2\,(秒)}{19\,(人)} \fallingdotseq 0.17\,(秒)$$

2．イの脊椎は背骨。刺激は感覚神経から脊髄を経て脳に伝わり，脳で判断し，命令が脊髄から運動神経に伝えられる。

答

1．0.17(秒)

2．(1) エ　(2) ア　(3) ウ

3．反射

12　(3)　②は感覚神経。

(4)・(5)　反射による反応は，感覚器官から脊髄に刺激が伝わると，脊髄が筋肉に対して反応の命令を出す。

(6)　口の中に食べ物を入れるとだ液が出る，体温が上がると汗が出るなど，体のはたらきを調節している。

答

(1) 感覚器官

(2) 運動神経

(3) 末しょう神経

(4) ③・④

(5) 反射

(6) 体のはたらきを調節する。

13　問5．

(1)　水流と逆の向きに泳いで，同じ場所にとどまろうとする。

(2)　周りの景色が変化するので，同じ場所にとどまろうとして回転方向と同じ向きに泳ぐ。

答

問1．感覚

問2．中枢〔神経〕　a．感覚〔神経〕

b．運動〔神経〕

問3．あ．網膜　い．うずまき管

問4．(1) 反射　(2) ア・ウ

(3) 明るい場所で瞳は小さくなり，暗い場所で瞳は大きくなる。

問5．(1) イ　(2) 光

14 (A)問4．反射は無意識におこる反応なので，皮ふで受け取った刺激の信号は，せきずいから筋肉を動かす信号となって筋肉に伝わる。

問5．赤信号なので止まらなければいけないという判断をしたのは大脳。

(B)問7．

② うでを伸ばすときは，Cの筋肉が縮み，Bの筋肉が伸びる。

答

問1．① 中枢　② 末しょう

問2．① A　② E

問3．反射

問4．A → F → E

問5．ウ

問6．内骨格

問7．① けん　② C　③ 関節

§4．動物のなかま (42ページ)

15 **答**

① オ

② キ

③ エ

④ イ

⑤ ケ

16 (1) 草食動物は草を切るのに適している門歯と，草をすりつぶすのに適している臼歯が発達している。肉食動物は獲物をしとめ，肉を切り裂くのに適している犬歯が発達している。

(4)ア．魚類は変温動物。

(1) イ

(2) 無脊椎動物

(3) E．節足動物　F．軟体動物

(4) ア

17 A・Fはホニュウ類，Bは両生類，Cは魚類，Dは鳥類，Eはハチュウ類。

(1) 魚類と両生類を選ぶ。

(2) ホニュウ類を選ぶ。

(3) ハチュウ類と鳥類を選ぶ。

(4) 両生類を選ぶ。

答

(1) ⑥

(2) ⑤

(3) ④

(4) ②

18 (問1) c・d・h・l・pは背骨がない動物。g・k・oはほ乳類。m・nは鳥類。i・jはは虫類。a・eは両生類。b・fは魚類。

(問2)

① ほ乳類と鳥類は恒温動物。その他は変温動物。

② 両生類の親・は虫類・鳥類・ほ乳類は肺呼吸。

③ ほ乳類は子をうみ，その他は卵をうむ。

(問3) ①はは虫類，②は鳥類。

答

(問1) (く)

(問2) ① (え)　② (お)　③ (い)

(問3) ① (い)・(う)・(か)・(き)　② (い)・(う)・(か)・(く)

(問4) 無セキツイ動物

(問5) 軟体動物

(問6) c・d

19 問4．アサリ・イカ・カタツムリ・タコは軟体動物。

問5・問6．a・b・c・eは卵生，dは胎生。a・c・d・eは肺呼吸，b・eはえら呼吸。a・b・eは変温動物，c・dは恒温動物。

したがって，aはは虫類，bは魚類，cは鳥類，dはほ乳類，eは両生類。

答

問1．無セキツイ動物

問2．(A) 外骨格　(B) 外とう膜

問3．① 節足動物　② 軟体動物

問4．ウ

問5．a. ウ　b. オ　c. エ　d. ア　e. イ

問6．胎生

4．天気の変化

§1．気象観測（45ページ）

1 問1．空全体に対して雲で覆われた割合が2～8割のときは晴れ。

問2．正午すぎに高くなっているのでCは気温。気温と逆の変化をしているのでBは湿度。残ったAは気圧。

問3．地面の熱や日光の影響を受けないように，地上から1.5mの直射日光の当たらないところで計測する。

また，風通しのよいところが適しているので，屋外で観測する。

問4．湿度表の左が乾球温度計，右が湿球温度計。乾球温度計の示度が気温なので21℃。

問5．乾球温度計の示度は21℃，湿球温度計の示度は16.5℃なので，示度の差は，

21（℃）－16.5（℃）＝4.5（℃）

湿度表より，乾球が21℃，乾球と湿球の示度の差が4.5℃のとき，湿度は61％。図1より，①は40％，③は38％，④は58％，⑤は86％，⑥は87％。

答

問1．晴れ

問2．⑥

問3．(ク)

問4．21.0（℃）

問5．（湿度）61（％）　（日時）②

2 問2．1気圧＝1013hPa

問4．

㋐・㋑　大気中の物体の表面は，どの部分においても垂直に大気圧を受けている。

㋒　吸盤と物体との間の空気を抜くと気圧が下がるので，大気圧により吸盤が押される。

㋓　ストロー内の空気を吸い込むと気圧が下がるので，大気圧により液面が押されてストロー内に入ってくる。

㋔　袋に布団を入れて内部の空気を抜くと気圧が下がるので，大気圧により袋が押されて布団が圧縮される。

問1．大気圧

問2．Y．㋐　Z．㋓

問3．あ．小さくなる　い．変化しない　う．元の大きさに戻った

問4．㋑

§2．空気中の水蒸気と雲（47ページ）

3 (2)　表1より，室温が23℃のときの飽和水蒸気量は$20.6\mathrm{g/m^3}$，露点である18℃での飽和水蒸気量は$15.4\mathrm{g/m^3}$。

よって，室内の空気の湿度は，

$$\frac{15.4\ (\mathrm{g/m^3})}{20.6\ (\mathrm{g/m^3})} \times 100 \fallingdotseq 75\ (\%)$$

(3)　表1より，室内の空気が含む水蒸気量は$15.4\mathrm{g/m^3}$，17℃での飽和水蒸気量は$14.5\mathrm{g/m^3}$なので，部屋の室温が17℃まで下がったとき，室内の空気$1\mathrm{m^3}$あたりで凝結した水の質量は，

$$15.4\ (\mathrm{g/m^3}) - 14.5\ (\mathrm{g/m^3}) = 0.9\ (\mathrm{g/m^3})$$

よって，容積$40\mathrm{m^3}$の部屋全体で凝結した水の質量は，

$$0.9\ (\mathrm{g/m^3}) \times 40\ (\mathrm{m^3}) = 36\ (\mathrm{g})$$

(4)　表2より，9時，17時，21時の気温は等しいので，空気$1\mathrm{m^3}$中の水蒸気量は，湿度が大きいほど値が大きい。

(5)　表2より，11時の気温は23.0℃，湿度84％。表1より，気温が23℃のときの飽和水蒸気量は$20.6\mathrm{g/m^3}$なので，このとき室内の空気に含まれている水蒸気量は，

$$20.6\ (\mathrm{g/m^3}) \times \frac{84}{100} \fallingdotseq 17.3\ (\mathrm{g/m^3})$$

よって，コップの表面に水滴がつく温度は，飽和水蒸気量が17.3gになる温度なので，表1より，20℃。

(1) 露点

(2) 75（％）

(3) 36（g）

(4) A，C，B

(5) 20（℃）

(6) 霧

4 (1)　コップの表面が水滴でくもり始めたときの水の温度が露点。

(2)　グラフより，室温が18℃なので飽和水蒸気量は$15\mathrm{g/m^3}$。

また，露点が11℃なので空気$1\mathrm{m^3}$中に含まれる水蒸気量は$10\mathrm{g/m^3}$。

よって，湿度は，

$\frac{10\ (g/m^3)}{15\ (g/m^3)} \times 100 \fallingdotseq 67\ (\%)$

(3)　教室の空気が含むことができる水蒸気量は，

$15\ (g/m^3) \times 200\ (m^3) = 3000\ (g)$

すでに含まれている水蒸気量は，

$10\ (g/m^3) \times 200\ (m^3) = 2000\ (g)$

よって，このあと教室内の空気が含むことができる水蒸気の最大値は，

$3000\ (g) - 2000\ (g) = 1000\ (g)$

(4)　グラフより，6℃の飽和水蒸気量は約 $7.5g/m^3$。

11℃と6℃の飽和水蒸気量の差は，

$10\ (g/m^3) - 7.5\ (g/m^3) = 2.5\ (g/m^3)$

より，透明容器内にできる水滴は，

$2.5\ (g/m^3) \times 1\ (m^3) = 2.5\ (g)$

(5)　教室の空気 $1m^3$ 中に含まれる水蒸気が 10g なので，湿度が 50％になるときの飽和水蒸気量は，

$10\ (g/m^3) \div \frac{50}{100} = 20\ (g/m^3)$

グラフより，飽和水蒸気量が $20g/m^3$ になるときの気温は 23℃。

(1) 11（℃）

(2) 67（％）

(3) 1000（g）

(4) イ

(5) 23（℃）

5　(3)　表より，気温 7℃のときの飽和水蒸気量は 7.7g なので，気温 20℃で $1m^3$ に含まれる水蒸気量が 9.7g の空気を 7℃まで冷やしたとき，$1m^3$ 中に生じる水滴は，

$9.7\ (g) - 7.7\ (g) = 2.0\ (g)$

(4)　気温 25℃のときの飽和水蒸気量は 23.0g なので，気温 25℃で $1m^3$ に含まれる水蒸気量が 13.8g の空気の湿度は，

$\frac{13.8\ (g)}{23.0\ (g)} \times 100 = 60\ (\%)$

(5)　気温 6℃のときの飽和水蒸気量は 7.3g なので，もとの 18℃の空気 $1m^3$ に含まれていた水蒸気量は，

$7.3\ (g) + 2.1\ (g) = 9.4\ (g)$

この水蒸気量が飽和水蒸気量と等しくなるときの温度が，この空気の露点になる。

(1) 露点

(2) イ

(3) 2.0（g）

(4) 60（％）

(5) 10（℃）

(6) イ

6　答

(1) ア．海水　イ．飽和水蒸気量　ウ．露点　エ．100　オ．ちり　カ．上昇　キ．10

(2) ① 線香の煙に含まれる粒子が，雲生成時の結晶核となることで凝結しやすくできるから。

② (ウ)

③ ピストンを強く引くことにより，フラスコ内部の気圧を急激に下げることができる。それにより装置内の空気が膨張しやすくなるから。

(3) ① 積乱雲　② 集中豪雨（または，ゲリラ豪雨）

7　(3)①　B 地点で雲ができ始めているので，A 地点での空気のかたまりは，B 地点の気温 25℃で露点に達する。

②　A 地点での空気のかたまりに含まれる水蒸気量は，①より，25℃が露点なので，$23.1g/m^3$。A 地点の気温は 30℃なので，飽和水蒸気量は $30.3g/m^3$。

よって，A 地点での空気のかたまりの湿度は，

$\frac{23.1\ (g/m^3)}{30.3\ (g/m^3)} \times 100 \fallingdotseq 76.2\ (\%)$

③　C 地点の気温は 20℃なので，C 地点での空気のかたまりの水蒸気量は，20℃での飽和水蒸気量に等しく，$17.2g/m^3$。

④　D 地点での空気のかたまりに含まれる水蒸気量は，C 地点の空気のかたまりに含まれる水蒸気量と等しいので，$17.2g/m^3$。D 地点の気温は 35℃なので，飽和水蒸気量は $39.6g/m^3$。

よって，D 地点での空気のかたまりの湿度は，

$\frac{17.2\ (g/m^3)}{39.6\ (g/m^3)} \times 100 \fallingdotseq 43.4\ (\%)$

(1) 露点

(2) 上空ほど気圧が低くなるため，空気のかたまりが膨張するから。

(3) ① 25（℃）　② 76.2（％）　③ 17.2（g/m^3）

④ 43.4（％）

(4) フェーン現象

§3．気圧と前線（51ページ）

8 (1)・(2)　寒冷前線は温暖前線よりも速く進み，徐々に温暖前線に近づく。寒冷前線が温暖前線に追いつくと閉塞前線ができる。

(3)　前線の北側には寒気があり，空気が冷やされて雲が発達するので，雨が強く降る。

答

(1) B→A→C

(2) C

(3) 北側

9 (1)　寒冷前線は寒気が暖気の下にもぐりこむようにして進み，温暖前線は暖気が寒気の上にはい上がって進む。地点X—Yにある前線は寒冷前線が温暖前線に追いついてできた閉塞前線なので，地点X—Yは寒気に覆われており，暖気は寒気の上に押し上げられている。

(2)　模式図では地点Pが左，地点Qが右。温暖前線は地点Q側の暖気が地点P側の寒気の上にはい上がって進む。

答

(1) ウ

(2) ア

10 (2)　低気圧では，風は反時計回りに中心部へ向かって吹き込む。

答

(1) X．寒冷前線　Y．温暖前線

(2) ウ

(3) エ

(4) ① エ　② ア　③ オ　④ ウ　⑤ イ　⑥ カ

11 問2．図1は温帯低気圧で，西から東へと移動する。低気圧の中心から伸びた寒冷前線の西側では強い雨が降る。

問3．低気圧の中心部では上昇気流が発生している。

答

問1．ウ

問2．ウ

問3．イ

12 問1．風向は16方位，風力は羽根の数で表す。

問2・問3．図より，14時～16時に気温が急に下がり，風向が北よりに変化しているので，この時間帯に寒冷前線が通過した。

問5．寒冷前線付近では，寒気が暖気を押し上げながら進む。

答

問1．（天気）晴れ　（風向）北北東　（風力）2

問2．イ

問3．寒冷前線

問4．① ア　② エ　③ カ　④ キ

問5．イ

問6．積乱雲

§4．四季の天気（54ページ）

13 (3)　図より，Bは南高北低の気圧配置なので，夏の天気図。日本の夏は，南東の高気圧から風がふく。

答

(1) オホーツク海(気団)・小笠原(気団)

(2) 梅雨前線

(3) エ

(4) ① 上昇　② 積乱(または，入道)

(5) 台風

(6) シベリア(気団)

(7) ① すじ　② 西高東低　③ 等圧線

(8) シベリア気団からふく風が日本海を越えるときに大量の水分をふくみ，日本海側の山を上昇するときに雪として降らせるから。

14 問1．海洋性の気団は湿潤，大陸性の気団は乾燥。北の気団は低温，南の気団は高温。

問2．激しい上昇気流で垂直に発達する雲が生じることが多い。

問3．

(ア)　等圧線は同心円状だが，前線をともなわない。

(ウ)　熱帯の海上で発生した熱帯低気圧。

(オ)　真上から見て反時計回りにふきこむ。

問4．シベリア気団からの季節風は，日本海をわたる間に多量の水蒸気を含み，日本海側に雪を降らせる。山脈を越えると雲が消えて太平洋側は乾燥する。

問5．

A．等圧線がほぼ南北にのびる西高東低の気圧配置。

B．移動性高気圧と温帯低気圧が交互に日本付近を移動していく。日本の南には台風が見られる。

問 1. a. 偏西風　b. オホーツク海　c. 小笠原
d. シベリア　e. 西高東低

問 2. (ウ)

問 3. (ア)・(ウ)・(オ)

問 4. (イ)

問 5. A. (エ)　B. (ウ)

15 (2) 南の海上にある高気圧 A の大気は高温で湿っており，北の大陸上にある高気圧 B の大気は低温で乾燥している。

(1) (前線名) 停滞前線(または，梅雨前線)
(過程) オ

(2) A. 小笠原気団，イ　B. シベリア気団，ウ

(3) 西高東低

5．身のまわりの物質

§１．物質の性質 (57 ページ)

1 (1) 表より，4 種類の固体は，砂糖，重そう，食塩，鉄のいずれか。実験 1 より固体 D は鉄とわかる。
また，実験 2 より固体 A は砂糖で，実験 3 より固体 C が重そうとわかるので，固体 B は食塩。

(2) 有機物は炭素を含み，燃えて二酸化炭素（や水蒸気）を生じる化合物。プラスチックは石油から作られる。

(3) 炭酸水素ナトリウムを加熱したあとに残る炭酸ナトリウムは，水によく溶けて強いアルカリ性を示す。

(4)① 重そうを加熱して生じる気体は二酸化炭素。
② 鉄を塩酸に入れると水素が発生する。

答

(1) エ

(2) ア・エ

(3) イ・ウ

(4) ① イ　② エ

2 Ⅰ.

(1)ウ. 鉄は磁石につくが，アルミニウムや金など磁石につかないものもある。

エ. 鉄やアルミニウムは塩酸に入れると水素が発生する。

(2) 立方体 X の体積は，

$$2\ (\mathrm{cm}) \times 2\ (\mathrm{cm}) \times 2\ (\mathrm{cm}) = 8\ (\mathrm{cm}^3)$$

立方体 X の密度は，

$$\frac{72\ (\mathrm{g})}{8\ (\mathrm{cm}^3)} = 9\ (\mathrm{g/cm}^3)$$

表 1 より，密度が最も近いので銅と考えられる。

(3) 表 1 より，金より鉄のほうが密度は小さいので，同じ体積で比べたとき質量の小さいほうが鉄。

Ⅱ.

(4) 物体の密度が液体の密度より小さいとき，物体は液体に浮く。表 2 より，ブロックの密度 ($1.06\mathrm{g/cm}^3$) は水の密度 ($1.00\mathrm{g/cm}^3$) より大きいので，操作 1 でブロックは沈む。ブロックの密度は塩化ナトリウムの飽和水溶液の密度 ($1.20\mathrm{g/cm}^3$) より小さいので，操作 2 でブロックは浮く。

(5) 表 2 より，食用油の密度 ($0.91\mathrm{g/cm}^3$) は塩化ナトリウムの飽和水溶液の密度 ($1.20\mathrm{g/cm}^3$) より小さいので，操作 3 で食用油が上，塩化ナトリウムの飽和水溶液が下になるように分かれる。ブロックの密度 ($1.06\mathrm{g/cm}^3$) は塩化ナトリウムの飽和水溶液の密度より小さいので下の液に浮き，食用油の密度より大きいので上の液に沈む。

答

(1) ア・イ・オ

(2) エ

(3) A

(4) ウ

(5) ウ

3 (4) 金属光沢のないものを選ぶ。

(5)(イ) 金属のうち磁石につくものはあるが，アルミニウム，銅，銀などは磁石につかない。

(エ) 燃やすと炭になるものは有機物。

(6) 表 1 では，同じ体積の物体の質量を量っているので，同じ質量にして比べたとき，質量が小さいものほど体積が大きくなる。

(7) 表 1 より，体積 $20\mathrm{cm}^3$ の物体 C の質量は 18.0g なので，その密度は，

$$\frac{18.0\ (\mathrm{g})}{20\ (\mathrm{cm}^3)} = 0.9\ (\mathrm{g/cm}^3)$$

(8) (7)と同様に，物体 D の密度を求めると，

$$\frac{157.1\ (\mathrm{g})}{20\ (\mathrm{cm}^3)} = 7.855\ (\mathrm{g/cm}^3)$$

表2より，物質Dの密度は鉄に最も近い。

(9)　常温で液体の金属は水銀のみ。

(10)　表2より，銀の1cm^3あたりの質量は10.50gなので，銀336.0gの体積は，

$$\frac{336.0\,(g)}{10.50\,(g/cm^3)} = 32\,(cm^3)$$

(1) 上皿てんびん

(2) 分銅

(3) (ア)・(ウ)

(4) (記号) B・C　(総称) 非金属

(5) (イ)・(エ)

(6) C

(7) 0.9g/cm^3

(8) 鉄

(9) 水銀

(10) 32 (cm^3)

§2．気体の性質 (60ページ)

4 (1)　アルミニウムに塩酸を加えたときに発生する気体は水素。水素は水にほとんど溶けず，空気より軽い気体なのでD。

(2)　炭酸水素ナトリウムを加熱すると，炭酸ナトリウム・水・二酸化炭素に分解する。二酸化炭素は水にわずかに溶け，空気より重い気体なのでC。

(3)　A・B・Dは水にほとんど溶けない気体なので，水上置換で集めることができる。Eは水に非常によく溶け，空気より軽い気体なので，上方置換で集める。

(5)　Cは二酸化炭素，Dは水素。水に非常によく溶け，刺激臭があるEはアンモニアなので，A・Bは窒素，または酸素。酸素にはものを燃やすはたらきがある。

(8)・(9)　水酸化ナトリウム水溶液に電流を流すと，水の電気分解が起こり，正極から酸素，負極から水素が発生する。

(1) (記号) D　(化学式) H_2

(2) (記号) C

(化学反応式) $2NaHCO_3 \rightarrow Na_2CO_3 + H_2O + CO_2$

(3) (番号) ④　(捕集方法) 上方置換

(4) イ

(5) 火のついた線香を近づけ，激しく燃えるかどうか調べる。

(6) CO_2

(7) ⅰ．アルカリ　ⅱ．酸　ⅲ．中和

(8) $2H_2O \rightarrow 2H_2 + O_2$

(9) X

5 (2)　フェノールフタレイン溶液は，アルカリ性に反応して赤色になる。

(3)　スポイトの水を丸底フラスコの中に入れると，その水にフラスコ内の気体が溶け，フラスコ内の気圧が下がるため，フェノールフタレイン溶液を加えたビーカーの水を吸い上げて噴水のように吹き上がる。

答

(1) ②

(2) ②

(3) ③

(4) ⑤

(5) ⑤

§3．水溶液の性質 (62ページ)

6 (1)　気体や液体が溶質の水溶液は，溶媒を蒸発させたあとに何も残らない。溶質が気体の水溶液は，塩酸，炭酸水，アンモニア水。

(2)　炭酸水は二酸化炭素の水溶液。

(1) C・D・E

(2) 二酸化炭素

(3) F

(4) 水素

7 (1)　溶液の質量は，

$$100\,(g) + 25\,(g) = 125\,(g)$$

溶液の質量パーセント濃度は，

$$\frac{25\,(g)}{125\,(g)} \times 100 = 20\,(\%)$$

(2)　$300\,(g) \times 0.11 = 33\,(g)$

(3)①　砂糖水Aの質量パーセント濃度は，

$$\frac{80\,(g)}{(520 + 80)\,(g)} \times 100 \fallingdotseq 13\,(\%)$$

砂糖水Bの質量パーセント濃度は，

$$\frac{60\,(g)}{(440 + 60)\,(g)} \times 100 = 12\,(\%)$$

②　$$\frac{60\,(g)}{(440 + 60 + 100)\,(g)} \times 100 = 10\,(\%)$$

(4)①　表より，40℃の水100gに硝酸カリウムは

64.0g まで溶けるので，40 ℃の水 200g に溶ける硝酸カリウムの最大の質量は，

$$64.0\,(\mathrm{g}) \times \frac{200\,(\mathrm{g})}{100\,(\mathrm{g})} = 128\,(\mathrm{g})$$

20 ℃の水 100g に硝酸カリウムは 32.0g まで溶けるので，20 ℃の水 200g に溶ける硝酸カリウムの最大の質量は，

$$32.0\,(\mathrm{g}) \times \frac{200\,(\mathrm{g})}{100\,(\mathrm{g})} = 64.0\,(\mathrm{g})$$

よって，出てくる硝酸カリウムは，

$$128\,(\mathrm{g}) - 64.0\,(\mathrm{g}) = 64.0\,(\mathrm{g})$$

② ①より，上ずみ液は 20 ℃の水 200g に硝酸カリウムが 64.0g 溶けている状態なので，質量パーセント濃度は，

$$\frac{64.0\,(\mathrm{g})}{(200 + 64.0)\,(\mathrm{g})} \times 100 \fallingdotseq 24.2\,(\%)$$

③ 30 ℃の水 200g に溶けていた硝酸カリウムが出てくる。表より，30 ℃の水 100g に硝酸カリウムは 46.0g 溶けるので，30 ℃の水 200g に溶けていた硝酸カリウムは，

$$46.0\,(\mathrm{g}) \times \frac{200\,(\mathrm{g})}{100\,(\mathrm{g})} = 92.0\,(\mathrm{g})$$

(1)（溶液の質量）125（g）
（質量パーセント濃度）20（%）
(2) 33（g）
(3) ① 砂糖水 A　② 10（%）
(4) ① 64.0（g）　② 24.2（%）　③ 92.0（g）

8 (1) 表より，60 ℃で水 100g に塩化ナトリウム 37.0g が溶けるので，水 50g に溶かすことができる塩化ナトリウムは，

$$37.0\,(\mathrm{g}) \times \frac{50\,(\mathrm{g})}{100\,(\mathrm{g})} = 18.5\,(\mathrm{g})$$

(2) 表より，60 ℃で水 100g に塩化ナトリウム 37.0g が溶けるので，飽和水溶液の質量は，

$$100\,(\mathrm{g}) + 37.0\,(\mathrm{g}) = 137\,(\mathrm{g})$$

よって，飽和水溶液の質量パーセント濃度は，

$$\frac{37.0\,(\mathrm{g})}{137\,(\mathrm{g})} \times 100\,(\%) \fallingdotseq 27.0\,(\%)$$

(3) 表より，60 ℃で水 100g に硝酸カリウム 109.2g が溶けるので，水 50g に溶かすことができる硝酸カリウムは，

$$109.2\,(\mathrm{g}) \times \frac{50\,(\mathrm{g})}{100\,(\mathrm{g})} = 54.6\,(\mathrm{g})$$

よって，水溶液の質量は，

$$50\,(\mathrm{g}) + 54.6\,(\mathrm{g}) = 104.6\,(\mathrm{g})$$

(4)① 固体と液体を分ける方法を選ぶ。

ア．水に溶けやすく，空気よりも重い気体を集める方法。

イ．物質を溶媒に溶かした後，温度を下げたり溶媒を蒸発させたりして，溶液から再び結晶として取り出す方法。

ウ．物質によって溶媒への溶けやすさが違うことを利用して，混合物から目的の物質を取り出す方法。

② 表より，20 ℃で水 100g に硝酸カリウム 31.6g が溶けるので，水 50g に溶かすことができる硝酸カリウムは，

$$31.6\,(\mathrm{g}) \times \frac{50\,(\mathrm{g})}{100\,(\mathrm{g})} = 15.8\,(\mathrm{g})$$

(3)より，水 50g に硝酸カリウム 54.6g を溶かしたので，析出した硝酸カリウムは，

$$54.6\,(\mathrm{g}) - 15.8\,(\mathrm{g}) = 38.8\,(\mathrm{g})$$

(5) 20 ℃の飽和水溶液から水 20g が減ったので，20 ℃で水 20g に溶かすことができる硝酸カリウムが析出する。表より，20 ℃で水 100g に硝酸カリウム 31.6g が溶けるので，水 20g に溶かすことができる硝酸カリウムは，

$$31.6\,(\mathrm{g}) \times \frac{20\,(\mathrm{g})}{100\,(\mathrm{g})} = 6.32\,(\mathrm{g})$$

(1) 18.5（g）
(2) 27.0（%）
(3) 104.6（g）
(4) ① エ　② 38.8（g）
(5) イ

9 (1) グラフより，45 ℃で 100g の水に溶ける硫酸銅は 60g なので，

$100\,(\mathrm{g}) + 60\,(\mathrm{g}) = 160\,(\mathrm{g})$ の飽和水溶液ができる。

よって，飽和水溶液 200g を作るのに必要な硫酸銅は，

$$60\,(\mathrm{g}) \times \frac{200\,(\mathrm{g})}{160\,(\mathrm{g})} = 75\,(\mathrm{g})$$

(2) (1)の飽和水溶液に含まれる水は，

$$200\,(\mathrm{g}) - 75\,(\mathrm{g}) = 125\,(\mathrm{g})$$

グラフより，25 ℃で 100g の水に溶ける硫酸銅は 40g なので，125g の水には，

$$40\,(\mathrm{g}) \times \frac{125\,(\mathrm{g})}{100\,(\mathrm{g})} = 50\,(\mathrm{g})$$

の硫酸銅が溶ける。(1)より，溶け切れずに出てくる硫酸銅は，

$$75\,(\mathrm{g}) - 50\,(\mathrm{g}) = 25\,(\mathrm{g})$$

(3) (2)より，125g の水に硫酸銅 50g が溶けてい

るので，飽和水溶液は，

125（g）＋50（g）＝175（g）

質量パーセント濃度は，

$\frac{50(g)}{175(g)} \times 100 \fallingdotseq 29(\%)$

(5)　溶解度曲線の傾きが大きいほど多くの結晶が生じる。グラフより50℃と20℃の溶解度を読み取り，その差がもっとも大きい物質を選ぶ。

硝酸カリウムは，

86（g）－32（g）＝54（g）

硫酸銅は，

66（g）－36（g）＝30（g）

ミョウバンは，

36（g）－11（g）＝25（g）

食塩とホウ酸は温度による溶解度の差が小さいので，生じる結晶は少ない。

(1) 75（g）

(2) 25（g）

(3) 29（%）

(4) 再結晶

(5) 硝酸カリウム

§4．状態変化（64ページ）

10　問2．Bは氷がとけ始めてからとけ終わるまでの間なので，液体と固体が混じった状態。Dは水が沸とうし始めてから沸とうし終わるまでの時間なので，気体と液体が混じった状態。

問3．90℃はエタノールの沸点よりも高い温度なので，エタノールは90℃で気体。90℃はナフタレンの融点よりも高い温度で，沸点よりも低い温度なので，ナフタレンは90℃で液体。

答

問1．① 融点　② 沸点

問2．B．オ　D．エ

問3．（エタノール）ア　（ナフタレン）イ

問4．沸点の違いを利用して，蒸留して取り出す。

11　(1)　ロウが液体から固体に変化すると，体積が減少する。

(2)　水は例外的に，液体から固体になると体積が増加する。状態変化では質量は変化しないので，固体の密度は液体の密度よりも小さくなる。

(5)　図3より，加熱を始めてから6分後に発生している気体の温度は80℃程度なので，はじめのほうに出てくる気体と考えられる。

よって，水より沸点の低いエタノールが多く含まれている。

(6)①　混合物の量を2倍にしても，それぞれの物質の沸点は変わらないので，気体が発生する温度は変わらない。

②　混合物の量が2倍になると，気体が発生するまで温度を上昇させるときに必要なエネルギーが大きくなる。

よって，気体が発生するまでにかかった時間は大きくなる。

(1) エ

(2)（体積）ア　（密度）ウ

(3) 蒸留

(4) 沸点

(5) エ

(6) ① ウ　② ア

6．光・音・力

§1．反射と屈折（66ページ）

1　(1)　物体の像は，鏡の面に対して対称な位置にできる。

(2)　鏡に反射する回数が1回ごとに左右が反転する。Cは2回反射してできた像。

(3)　図3で，鏡A，Bと，その鏡に映った鏡面によって鏡の内外が，$\frac{360°}{90°}=4$ 等分され，実物と像を合わせて4個の鉛筆が見られる。同様に，2枚の鏡を45°の角度で合わせると，鏡の内外が，$\frac{360°}{45°}=8$ 等分され，実物と像を合わせて8個の鉛筆が見られるので，見られる像は，

8（個）－1（個）＝7（個）

(1) ア

(2) ウ

(3) 7（個）

2　問2．鏡に映る像は左右が反対になる。

問3．光が鏡にはねかえされるとき，入射角と反射角は等しい。

問4．1枚目の鏡，2枚目の鏡ともに，入射角と反射角が等しくなるように書く。

問5．次図Ⅰのように，2枚の鏡に対して，点Xの物体と線対称の位置にそれぞれ像ができる。2枚の鏡の延長線Q—RまたはQ—Sに対して，像と線対称の位置に3つ目の像ができる。

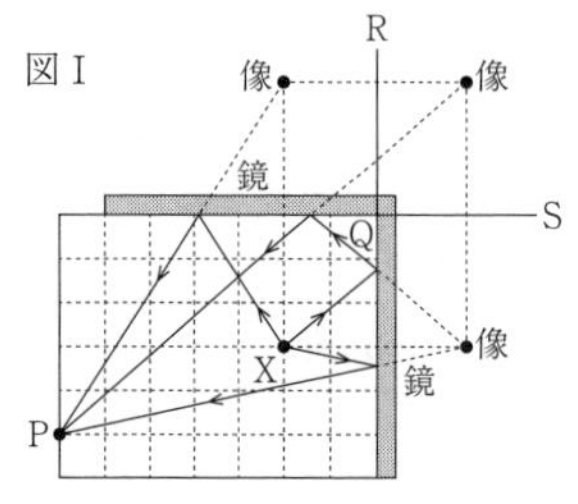

問6．次図Ⅱのように，手鏡の両端において，入射角と反射角が等しくなるように，入射光を手鏡から100cm後方まで書いてみる。

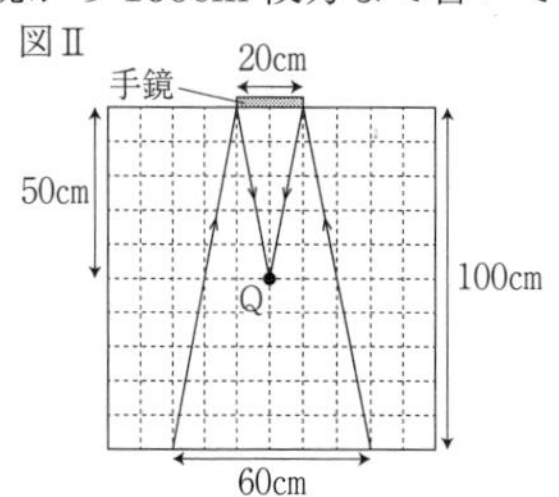

問7．次図Ⅲのように，手鏡を引き寄せると，手鏡の両端における反射角が大きくなるので，入射角も大きくなる。

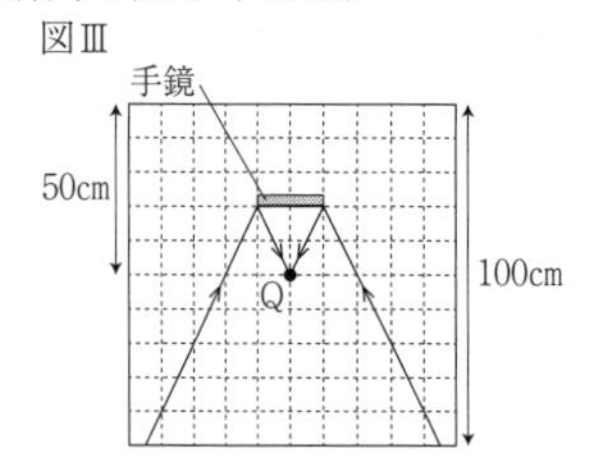

問8．入射角と反射角は等しいので，頭頂からの光は，頭頂から目の高さの半分の位置で反射して目に入り，つま先からの光は，つま先から目の高さの半分の位置で反射して目に入る。よって，頭頂からつま先までを映し出すには，身長の半分の鏡の高さが必要になるので，

$$160\ (\mathrm{cm}) \times \frac{1}{2} = 80\ (\mathrm{cm})$$

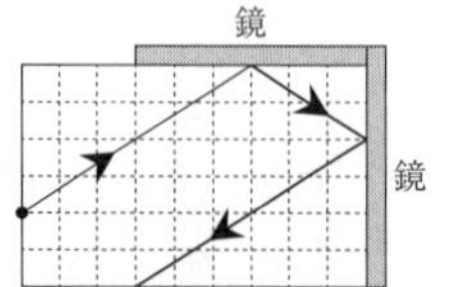

問1．反射

問2．イ

問3．ウ

問4．(右図)

問5．3

問6．60 (cm)

問7．イ

問8．80 (cm)

3 (3) 光が反射するとき，入射角 (A) と反射角 (B) は等しい。

(4) ガラス中から空気中に光が進むとき，入射角＜屈折角となるように光は屈折するので，屈折光は境界面に近づくように進む。

(7) 光は水面で屈折して進んでいるが，目では屈折光の直線上に像が見える。

よって，目と硬貨の像の左端を直線で結び，その直線と水面の交点と実際の硬貨の左端を直線で結ぶと，光の入射光と屈折光がわかる。

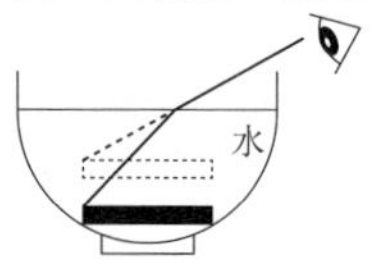

(1) 屈折

(2) 入射角

(3) イ

(4) ウ

(5) 大きい

(6) 全反射

(7) (前図)

4 (1)・(2) 空気中からガラスの中へ光が進むときは，入射角の方が屈折角よりも大きくなり，ガラスの中から空気中へ光が進むときは，屈折角の方が入射角よりも大きくなる。

(1) 1

(2) 2

§2．凸レンズ (69ページ)

5 (4) 凸レンズでは焦点距離の2倍の位置に物体を置くと，焦点距離の2倍の位置に像ができるので，表1より，物体から凸レンズまでの距離と，凸レンズから像までの距離が等しい30.0cmが焦点距離の2倍になる。

よって，

$$\frac{30.0\ (\mathrm{cm})}{2} = 15.0\ (\mathrm{cm})$$

(5) 凸レンズの上半分を黒い紙でかくしても，かくしていない凸レンズの下半分を通過した光によって像全体がスクリーンに映るが，凸レンズを通過する光の量が半分になるため，像全体が暗くなる。

(6)　物体を凸レンズと焦点の間に置くと，凸レンズを通して虚像が見える。

(1) 屈折
(2) イ
(3) 実像
(4) 15 (cm)
(5) エ
(6) イ

6 (1)・(2)　焦点距離は凸レンズの中心から焦点までの距離なので，凸レンズAの焦点距離は10cm。物体から凸レンズAまでの距離は凸レンズAの焦点距離の，

$$\frac{20\,(\text{cm})}{10\,(\text{cm})} = 2\,(\text{倍})$$

物体が焦点距離の2倍の位置にあるとき，物体から凸レンズまでの距離と凸レンズから像ができる点までの距離は等しく，スクリーン上に物体と同じ大きさの像ができる。

(3)　実像は光が集まってできる像，虚像は光が集まらずに見えている見かけの像。
よって，スクリーンに映るのは実像。

(4)　物体から出て凸レンズAで屈折した光が集まり，凸レンズAから20cmのところに上下左右逆さまで同じ大きさの像ができる。この像から凸レンズBまでの距離は，表1より，

$$50\,(\text{cm}) - 20\,(\text{cm}) = 30\,(\text{cm})$$

像から出て凸レンズBで屈折した光が集まり，凸レンズBから30cmの距離にあるスクリーン上に物体と同じ大きさの像ができる。
よって，凸レンズBの焦点距離は，

$$\frac{30\,(\text{cm})}{2} = 15\,(\text{cm})$$

答

(1) (あ) 10　(い) 20
(2) (イ)
(3) (ア)
(4) 15 (cm)

7 (2)　スクリーンに映る実像は，上下左右が反対になる。

(3)　物体が焦点距離よりも遠い位置にあるとき，物体と凸レンズの間の距離 (a) が大きくなるほど，凸レンズと像ができるスクリーンの間の距離 (b) が小さくなるので，像が小さくなる。

(1) 焦点
(2) イ
(3) ア
(4) (像) 虚像　(像の様子) ア

§3．音の性質 (72ページ)

8 問1．振動数が多いほど音は高くなり，振幅が大きいほど音は大きくなる。

問2．

①　5秒間に90回振動する弦の振動数は，

$$\frac{90\,(\text{回})}{5\,(\text{秒})} = 18\,(\text{Hz})$$

②　振動数20000Hz以上の音を超音波という。

③　ドップラー効果でサイレンの音の振動数は変化するが，振動数は人間に聞こえる範囲で20Hz以上。

④　水中でも音は伝わり，選手に聞こえているので振動数は20Hz以上。

問1．(高い音) ④　(大きい音) ③
問2．①

9 (1)　音の大きさは振幅で決まり，振幅が大きいほど大きな音になる。

(2)　音の高さは振動数で決まり，振動数が多いほど高い音になる。

(3)　太い弦は細い弦よりも低い音が出る。
また，弦の張り方を弱くすると低い音になる。
よって，振動数が最も少ないウになる。

(4)　音は水中・固体中も伝わる。音階が1オクターブあがると，振動数は2倍になる。光の速さは，音が進む速さに比べて非常に速い。

(1) オ
(2) エ
(3) ウ
(4) ア

10 問1．弦を強くはじくと振幅が大きくなり音は大きくなる。
また，弦を短くしたり，弦を強く張ったり，弦を細くしたりすることで音は高くなる。

問2．

(1)　高い音ほど振動数が大きいので，周期は短

くなる。

(2) 大きな音ほど振幅が大きい。

問3.

(1) 音さBの音が最も高く，周期は $\frac{2}{1600}$ 秒なので，振動数は，

$1\,(秒) \div \frac{2}{1600}\,(秒) = 800\,(\mathrm{Hz})$

(2) 音さCの音が最も低く，振動数は，

$1\,(秒) \div \frac{6}{1600}\,(秒) = \frac{800}{3}\,(\mathrm{Hz})$

よって，

$800\,(\mathrm{Hz}) \div \frac{800}{3}\,(秒) = 3\,(倍)$

問4. 共鳴が起こるのは同じ振動数の音さを組み合わせたとき。

問5. 音さにおもりをつけると振動数が小さくなる。AやDの音さより高い音を出す音さにおもりをつけると，音の高さが低くなり共鳴が起こるようになる。

問1. ① イ　② ニ　③ ハ

問2. (1) B　(2) A・C

問3. (1) 800 (Hz)　(2) 3 (倍)

問4. A (と) D

問5. B

11 (2) 音が3200m伝わるのに9.4秒かかるので，音の伝わる速さは，

$\frac{3200\,(\mathrm{m})}{9.4\,(\mathrm{s})} \fallingdotseq 340.4\,(\mathrm{m/s})$

(3) 音は，花火が音を発した点から山までの間を，4.5秒で1往復しているので，花火が音を発した点から山までの距離は，

$\frac{3200\,(\mathrm{m})}{9.4\,(\mathrm{s})} \times 4.5\,(\mathrm{s}) \times \frac{1}{2} \fallingdotseq 766.0\,(\mathrm{m})$

【別解】

(2)より，花火が音を発した点から山までの距離は，

$340.4\,(\mathrm{m/s}) \times 4.5\,(\mathrm{s}) \times \frac{1}{2} = 765.9\,(\mathrm{m})$

(1) 発音体(または，音源)

(2) 340.4 (m/s)

(3) 766.0 (または，765.9) (m)

(4) 〔音の〕反射

(5) 光は音よりも速いから。

(6) 音がだんだんと小さくなる。

(7) 音を伝える物質が空気であり，その空気が減っていくから。

(8) (記号) ア

(理由) 音はまわりに物質があれば振動が伝わるから。

§4. 力のはたらき (75ページ)

12 (1)・(2) おもりの重さが，

$\frac{0.8\,(\mathrm{N})}{0.5\,(\mathrm{N})} = 1.6\,(倍)$

になると，ばねののびも，

$\frac{4.8\,(\mathrm{cm})}{3.0\,(\mathrm{cm})} = 1.6\,(倍)$

になっている。

よって，ばねののびはおもりの重さに比例する。表より，ばねは0.5Nで3.0cmのびているので，おもりの重さが1.2Nのときのばねののびは，

$3.0\,(\mathrm{cm}) \times \frac{1.2\,(\mathrm{N})}{0.5\,(\mathrm{N})} = 7.2\,(\mathrm{cm})$

おもりの重さが1.4Nのときのばねののびは，

$3.0\,(\mathrm{cm}) \times \frac{1.4\,(\mathrm{N})}{0.5\,(\mathrm{N})} = 8.4\,(\mathrm{cm})$

(3) $0.5\,(\mathrm{N}) \times \frac{18\,(\mathrm{cm})}{3.0\,(\mathrm{cm})} = 3.0\,(\mathrm{N})$

(4) 地球上でのばねののびは，

$3.0\,(\mathrm{cm}) \times \frac{2.4\,(\mathrm{N})}{0.5\,(\mathrm{N})} = 14.4\,(\mathrm{cm})$

月面上では重力が $\frac{1}{6}$ になるので，ばねののびも $\frac{1}{6}$ になる。

よって，

$14.4\,(\mathrm{cm}) \times \frac{1}{6} = 2.4\,(\mathrm{cm})$

(5)① 30gのおもり2個分にはたらく重力の大きさは，

$0.3\,(\mathrm{N}) \times 2 = 0.6\,(\mathrm{N})$

ばねA_1とばねA_2にはそれぞれおもり2個分の重力がはたらくので，ばね1本当たりののびは，

$3.0\,(\mathrm{cm}) \times \frac{0.6\,(\mathrm{N})}{0.5\,(\mathrm{N})} = 3.6\,(\mathrm{cm})$

よって，ばねA_1とばねA_2ののびの合計は，

$3.6\,(\mathrm{cm}) \times 2 = 7.2\,(\mathrm{cm})$

② ばねA_3にはおもり2個分の重力がはたらくので，そののびは，①より，3.6cm。ばねA_4にはおもり1個分の重力がはたらくので，そののびは，

$3.0\,(\mathrm{cm}) \times \frac{0.3\,(\mathrm{N})}{0.5\,(\mathrm{N})} = 1.8\,(\mathrm{cm})$

③ おもり3個分の重さを2本のばねで分担す

るので，1本のばねにはおもり $\frac{3}{2}$ 個分の重力がはたらく。おもり $\frac{3}{2}$ 個分にはたらく重力は，

$0.3\,(\mathrm{N}) \times \frac{3}{2} = 0.45\,(\mathrm{N})$

よって，ばね A_5 ののびは，

$3.0\,(\mathrm{cm}) \times \frac{0.45\,(\mathrm{N})}{0.5\,(\mathrm{N})} = 2.7\,(\mathrm{cm})$

(1) X. 7.2 (cm)　Y. 8.4 (cm)

(2) 比例の関係

(3) 3.0 (N)

(4) 2.4 (cm)

(5) ① 7.2 (cm)

② (A_3) 3.6 (cm)　(A_4) 1.8 (cm)　③ 2.7 (cm)

13 問2．ばねがおもりを引く力は重力とつり合っている。

よって，3N。

問3．

(1) 図1より，おもりの重さが2Nのときのばねの伸びを読み取る。

(2) ばねの伸びはおもりの重さに比例する。2Nで8cm伸びたので，

$8\,(\mathrm{cm}) \times \frac{5\,(\mathrm{N})}{2\,(\mathrm{N})} = 20\,(\mathrm{cm})$

問1. フック(の法則)

問2. 3 (N)

問3. (1) 8 (cm)　(2) 20 (cm)

14 問1．ばねの伸びはおもりの個数に比例する。次図のように，測定データをそれぞれ原点(0, 0)と結ぶと，a・b・cとg・fはそれぞれ原点を通る直線上に並ぶので，正しく測定できていないのは，dとe。

問2．ばねAはばねBより伸びやすいので，直線の傾きが大きくなる。次図のa・b・cを通る直線はばねAの伸び，g・fを通る直線はばねBの伸びを表す。1Nの力は，

$1\,(個) \times \frac{100\,(\mathrm{g})}{50\,(\mathrm{g})} = 2\,(個)$

より，おもり2個にはたらく重力に等しい。次図でおもりの個数が2個のときのばねの伸びを読み取ると，ばねAは4cm，ばねBは1cm伸びる。

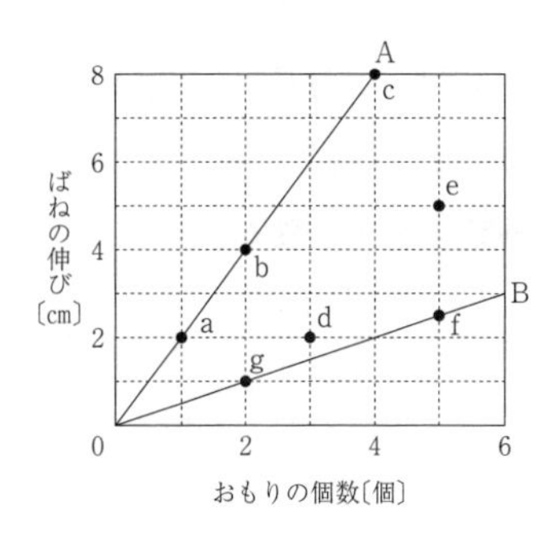

問1. d・e

問2. A. 4 (cm)　B. 1 (cm)

問3. ア・オ

7．化学変化

§1．原子・分子 (77ページ)

1 (2) 原子は化学変化によって別のものに変わることができない。

(3) 水は水素原子2個と酸素原子1個が結びついてできているので，Aが水素原子，Bが酸素原子。水に電流を流して反応させると，＋極側に酸素，－極側に水素ができる。36gの水からできる酸素の質量は，

$36\,(\mathrm{g}) \times \frac{16}{1 \times 2 + 16} = 32\,(\mathrm{g})$

できる水素の質量は，

$36\,(\mathrm{g}) - 32\,(\mathrm{g}) = 4\,(\mathrm{g})$

(1) (粒) 原子　(物質) 化合物

(2) ア・ウ・エ

(3) (＋極) 32 (g)　(－極) 4 (g)

2 (1) 水素と空気中の酸素が反応して水が生じる。

(2) マグネシウムと空気中の酸素が反応して酸化マグネシウムが生じる。

(3) 炭素と空気中の酸素が反応して二酸化炭素が発生する。

(1) エ，$2H_2 + O_2 \rightarrow 2H_2O$

(2) ウ，$2Mg + O_2 \rightarrow 2MgO$

(3) イ，$C + O_2 \rightarrow CO_2$

§2. 物質どうしが結びつく化学変化 (78ページ)

3 (2) 鉄粉 5.6g と硫黄 3.2g を混ぜ合わせているので，鉄粉と硫黄の割合は，

$5.6\,(g):3.2\,(g)=7:4$

よって，混合物 7.7g に含まれる鉄粉の質量は，

$7.7\,(g)\times\frac{7}{7+4}=4.9\,(g)$

(3) 鉄＋硫黄→硫化鉄という反応が起こった。化学反応式では化学変化の前後で元素と原子の数を合わせる。

(4) 図3の調節ねじAは空気調節ねじ，調節ねじBはガス調節ねじ。ガスバーナーの火を消すときは，空気調節ねじ→ガス調節ねじの順に閉じる。

(6)(イ) Aは水素，Bは酸素，Dは塩素の性質。

(7) 実験で用いた鉄粉と硫黄の混合物が過不足なく反応したとすると，(2)より，鉄と硫黄は7：4の割合で反応するので，6.3g の鉄粉と過不足なく反応する硫黄の質量は，

$6.3\,(g)\times\frac{4}{7}=3.6\,(g)$

(8) ①の混合物 1.1g は加熱していないので，混合物中の鉄と塩酸が反応して水素が発生する。

(1) 乳棒
(2) 4.9 (g)
(3) $Fe+S\rightarrow FeS$
(4) (ア) A　(イ) Y
(5) 鉄が全て化学反応した。
(6) (ア) 硫化水素　(イ) C
(7) 3.6 (g)
(8) 水素

4 (1) 鉄と硫黄の混合物を加熱すると，熱と光を出して激しく反応する。この反応では，酸素，水素，水蒸気は生じない。

(2) 試験管Aは加熱しているので，硫化鉄になっており，磁石には引きつけられず，塩酸を加えると卵の腐ったようなにおいの硫化水素が発生する。試験管Bは鉄と硫黄が混じっているだけの混合物であり，磁石には鉄が引きつけられ，うすい塩酸を加えると鉄と塩酸が反応して無臭の水素が発生する。

(4) 試験管Bから発生する気体は水素。①は二酸化炭素，②は塩素，③はアンモニア，④は酸素が生じる。

(1) ④
(2) A. ④　B. ③
(3) ③
(4) ⑤
(5) FeS

§3. 分解 (80ページ)

5 (1) ガスバーナーの炎の色がオレンジ色の場合，空気の量が不足しているので，Bのガス調節ねじをおさえながらAの空気調節ねじをDの方にまわして開く。

(3) 実験で発生する気体は二酸化炭素。アは水素，イはアンモニア，ウとエは酸素が発生する。

(5) 試験管の口の部分についた液体は水。塩化コバルト紙に水をつけると青色から赤色に変化する。

(1) エ
(2) エ
(3) オ
(4) ウ
(5) 塩化コバルト紙

6 (1) 酸化銀を加熱すると，酸素と銀に分解される。

(2) 手順⑥より，酸化銀 2.30g を加熱し続けると銀 2.15g が生じるので，酸化銀 2.30g に含まれる酸素の質量は，

$2.30\,(g)-2.15\,(g)=0.15\,(g)$

したがって，酸化銀 2.30g が完全に分解すると，0.15g の酸素が生じる。手順④で，試験管内にある物質の質量が 2.27g であることから，手順④までに酸化銀 2.30g を加熱して生じた酸素の質量は，

$2.30\,(g)-2.27\,(g)=0.03\,(g)$

手順④までに加熱によって分解した酸化銀の質量の割合は，加熱前の酸化銀の質量の，

$\frac{0.03\,(g)}{0.15\,(g)}\times100=20\,(\%)$

よって，手順④までで，まだ反応せずに残っている酸化銀の質量の割合は，加熱前の酸化銀の質量の，

$100\,(\%)-20\,(\%)=80\,(\%)$

(1) オ

(2) 80（%）

(3) ウ

(4) ア

7 (1)　－極側には水素，＋極側には酸素が発生する。イ)はアンモニアや塩素，ウ)は二酸化炭素の性質。

(3)　発生した気体Aの体積は，発生した気体Bの体積の2倍になるので，気体Aが12cm^3発生したときに発生する気体Bの体積は，

$$12\,(cm^3) \times \frac{1}{2} = 6\,(cm^3)$$

(1) A. ア）　B. エ）

(2) $2H_2O \rightarrow 2H_2 + O_2$

(3) 6（cm^3）

(4) 化合物

8 (1)　水を電気分解すると水素と酸素が発生する。

(2)　純粋な水は電流を通さない。

(3)　(1)より，発生する水素と酸素の分子の数の比は2：1。
よって，水素と酸素の体積比も2：1なので，気体Aは水素，気体Bは酸素。水素は陰極，酸素は陽極から発生する。

(4)　②・③は二酸化炭素を発生させる方法。

(5)　二酸化炭素を石灰水に通すと白くにごる。

答

(1) $2H_2O \rightarrow 2H_2 + O_2$

(2) ②

(3) Y

(4) A. ④　B. ①

(5) 石灰水に通す

9 問2．陽極で塩素が発生し，陰極に銅が付着する。

答 問1. $Cu + Cl_2 \rightarrow CuCl_2$

問2.（陽極）Cl_2　（陰極）Cu

§4．酸化（83ページ）

10 問4．表より，Aでは2.4gの銅が酸化されると3.0gの酸化銅になるので，銅と酸化銅の質量の比は，

2.4（g）：3.0（g）＝4：5

になり，Bでも，

3.6（g）：4.5（g）＝4：5

となる。

よって，5.0gの酸化銅を得るのに必要な銅の質量は，

$$5.0\,(g) \times \frac{4}{5} = 4.0\,(g)$$

問5．銅＋酸素→酸化銅という反応が起こる。銅はCu，炭素はO_2，酸化銅はCuOで，化学反応式では化学変化の前後で原子の種類と数が変化しないようにする。

問6．

①　表より，銅と酸化銅の質量の比を求める。問4より，銅と酸化銅の質量の比が等しいAとBは成功している。Cは，

6.0（g）：7.5（g）＝4：5，

Dは，

7.2（g）：9.0（g）＝4：5，

Eは，

10.0（g）：11.5（g）＝20：23

で，Eだけが銅と酸化銅の質量の比が異なるので，失敗している実験はE。

②　銅と酸化銅の質量の比は4：5なので，結びつく銅と酸素の質量の比は，

4：(5 － 4) ＝ 4：1

実験Eで銅と結びついた酸素の質量は，

11.5（g）－ 10.0（g）＝ 1.5（g）

なので，この酸素と結びつく銅の質量は，

$$1.5\,(g) \times \frac{4}{1} = 6.0\,(g)$$

よって，酸化せずに残った銅の質量は，

10.0（g）－ 6.0（g）＝ 4.0（g）

問1. ア

問2. 酸化銅

問3. イ

問4. 4.0g

問5. $2Cu + O_2 \rightarrow 2CuO$

問6. ① E　② 4.0g

11 (1)～(3)　aは空気調節ねじ，bはガス調節ねじで，Xは閉じる方向，Yは開ける方向を指す。点火するときに最初に回すのはガス調節ねじ。炎が赤色のときは空気が不足しているので，空気調節ねじを開ける。

(5)　マグネシウム＋酸素→酸化マグネシウム

(6)　表1より，マグネシウム0.9gから酸化マグネシウム1.5gが生成するので，結びつく酸素の質量は，

1.5（g）－ 0.9（g）＝ 0.6（g）

(7)　(6)より，マグネシウム0.9gすべてと結びつく

酸素の質量が 0.6g なので，

0.9（g）：0.6（g）＝ 3：2

(8)　表１より，銅 1.2g から酸化銅 1.5g が生成するので，結びつく酸素の質量は，

1.5（g）－ 1.2（g）＝ 0.3（g）

(9)　表１より，銅 1.2g から酸化銅 1.5g が生成するので，

1.2（g）：1.5（g）＝ 4：5

(10)　(9)より，銅と酸化銅の質量比は 4：5 なので，銅の酸化物 2.0g 中に含まれる銅の質量は，

$2.0\,(g) \times \frac{4}{5} = 1.6\,(g)$

一方，酸素の質量は，

2.0（g）－ 1.6（g）＝ 0.4（g）

(1) a. 空気調節ねじ　b. ガス調節ねじ

(2) b

(3)（ネジ）a　（回す方向）Y

(4) 酸化

(5) $2Mg + O_2 \rightarrow 2MgO$

(6) 0.6（g）

(7) ウ

(8) 0.3（g）

(9) イ

(10)（銅）1.6（g）（酸素）0.4（g）

12　1．マグネシウムを空気中で加熱すると，酸素と結びついて白色の酸化マグネシウムができる。

2．図１より，加熱後の物質の質量が一定になったとき，マグネシウムはすべて酸化した。

3．図２より，加熱後の物質の質量が一定になったとき，銅はすべて酸化して酸化銅となる。

4．図１より，1.5g のマグネシウムが完全に酸化すると 2.5g の酸化マグネシウムとなったので，結びついた酸素の質量は，

2.5（g）－ 1.5（g）＝ 1.0（g）

したがって，3.0g のマグネシウムを完全に酸化するのに必要な酸素の質量は，

$1.0\,(g) \times \frac{3.0\,(g)}{1.5\,(g)} = 2.0\,(g)$

図２より，0.8g の銅が完全に酸化すると 1.0g の酸化銅となったので，結びついた酸素の質量は，

1.0（g）－ 0.8（g）＝ 0.2（g）

よって，2.0g の銅を完全に酸化するのに必要な酸素の質量は，

$0.2\,(g) \times \frac{2.0\,(g)}{0.8\,(g)} = 0.5\,(g)$

3.0g のマグネシウムと 2.0g の銅を完全に酸化するのに必要な酸素の質量は，

2.0（g）＋ 0.5（g）＝ 2.5（g）

5．加熱する前の混ざった粉末中の銅の質量を x g とすると，マグネシウムの質量は，$(12.0 - x)$ g。4 より，$(12.0 - x)$ g のマグネシウムがすべて酸化したときにできる酸化マグネシウムの質量は，

$2.5\,(g) \times \frac{(12.0 - x)(g)}{1.5\,(g)}$

$= \frac{5}{3}(12.0 - x)(g)$

x g の銅がすべて酸化したときにできる酸化銅の質量は，

$1.0\,(g) \times \frac{x\,(g)}{0.8\,(g)} = \frac{5}{4}x\,(g)$

酸化マグネシウムと酸化銅の混合粉末が 16.25g できたので，

$\frac{5}{3}(12.0 - x)(g) + \frac{5}{4}x\,(g) = 16.25\,(g)$

これを解いて，$x = 9.0$（g）

よって，加熱する前の混ざった粉末中の銅の質量の割合は，

$\frac{9.0\,(g)}{12.0\,(g)} \times 100 = 75\,(\%)$

1. 白(色)
2. 4（回目）
3. 1.0（g）
4. 2.5（g）
5. 75（%）

§５．還元（85 ページ）

13　問５．二酸化炭素は，すでに炭素と酸素が結びついてるので，酸化物と二酸化炭素を加熱しても，酸化物から酸素がうばわれることはない。

問１．A

問２．① 金属光沢　② 銅

問３．$2CuO + C \rightarrow 2Cu + CO_2$

問４．還元

問５．D

14　(3)　質量保存の法則より，

6.0（g）＋ 0.6（g）－ 4.95（g）＝ 1.65（g）

(4)　試験管 E と試験管 D は，実験により発生した二酸化炭素の質量が同じ 2.2g なので，還元され

た酸化銅の質量も同じ。

よって，できた銅の質量は6.4g。

(5)　試験管Eで残った酸化銅は，

$8.4\,(g) - 6.4\,(g) = 2.0\,(g)$

試験管Dでは8.0gの酸化銅と0.6gの炭の粉が過不足なく反応したので，2.0gの酸化銅をすべて銅にするのに必要な炭の粉の質量は，

$0.6\,(g) \times \dfrac{2.0\,(g)}{8.0\,(g)} = 0.15\,(g)$

答 (1)（操作）ガラス管を石灰水から抜く。

（理由）石灰水が逆流するのを防ぐため。

(2) 還元

(3) 1.65（g）

(4) 6.4（g）

(5) 0.15（g）

15 (1)　化学反応式をつくるには，反応する物質の化学式を左辺に，生成する物質の化学式を右辺に書き，左辺と右辺で元素と原子の数が等しくなるようにする。

(2)　図2より，混ぜ合わせた炭素の粉末の質量が0.30gより多くなると，炭素が増加した分だけ加熱後に試験管内に残った固体の質量が増加している。このことから，4.0gの酸化銅と0.30gの炭素が過不足なく反応し，3.2gの銅ができたとわかる。このとき発生した二酸化炭素の質量は，質量保存の法則より，

$4.0\,(g) + 0.30\,(g) - 3.2\,(g) = 1.1\,(g)$

(3)　0.30gの炭素の粉末を混ぜ合わせて十分加熱したとき，3.2gの銅が得られたので，

$3.2\,(g) \times \dfrac{0.2\,(g)}{0.30\,(g)} \fallingdotseq 2.1\,(g)$

(4)　$0.30\,(g) \times \dfrac{3.2\,(g)}{4.0\,(g)} = 0.24\,(g)$

答

(1) $2CuO + C \rightarrow 2Cu + CO_2$

(2) 1.1（g）

(3) 2.1（g）

(4) 0.24（g）

§6．化学変化と質量（87ページ）

16 (2)　塩酸＋炭酸水素ナトリウム→塩化ナトリウム＋水＋二酸化炭素

(1) 化合物

(2) ① H_2O　② CO_2（順不同）

(3) 質量保存（の法則）

(4) 化学変化によって発生した二酸化炭素が空気中へ逃げたから。

17 (3)　炭酸カルシウムと塩酸が反応して，塩化カルシウムと二酸化炭素と水が生じる。

(4)　うすい塩酸がすべて反応すると，発生する気体の質量は一定となり，石灰石は溶け残る。図2より，石灰石の質量が8.00gより小さいときから発生した気体の質量が変化していない。

(5)　表より，石灰石の質量が8.00gのときに発生した気体の質量は，

$128.40\,(g) - 125.10\,(g) = 3.30\,(g)$

(6)　石灰石の質量が6.00gのときに発生した気体の質量は，

$126.40\,(g) - 123.76\,(g) = 2.64\,(g)$

なので，発生した気体の質量が3.30gのときに反応した石灰石の質量は，

$6.0\,(g) \times \dfrac{3.30\,(g)}{2.64\,(g)} = 7.50\,(g)$

(7)　(6)より，溶け残っている石灰石の質量は，

$12.00\,(g) - 7.50\,(g) = 4.50\,(g)$

なので，4.50gの石灰石を溶かすのに必要な塩酸の質量は，

$30\,(g) \times \dfrac{4.50\,(g)}{7.50\,(g)} = 18.0\,(g)$

答

(1) 質量保存（の法則）

(2) 化学変化の前後で原子の数や種類が変わらないため。

(3) $CaCl_2$

(4) (エ)・(オ)

(5) 3.30（g）

(6) 7.50（g）

(7) 18（g）

18 (1)　発生する気体は二酸化炭素。

(2)　イは水，ウは酸素，エは水，オは水素が発生する。

(3)　この反応では沈殿は生成せず，溶液の色は変化しない。

(5)・(6)　炭酸カルシウムを塩酸と過不足なく反応する量よりも多く加えても，気体（二酸化炭素）は一定量以上発生しない。

答

(1) イ・ウ

(2) ア

(3) ウ

⑷ 質量保存の法則

⑸ B

⑹ ウ

8．電流とその利用

§1．電流回路 (90ページ)

1 ⑴ 表1より，電熱線Bに2.0Vの電圧を加えると，80mAの電流が流れる。80mA = 0.08Aなので，オームの法則より，

$$\frac{2.0\,(\text{V})}{0.08\,(\text{A})} = 25\,(\Omega)$$

⑵ 表1より，電熱線Cに2.0Vの電圧を加えると，200mAの電流が流れる。200mA = 0.2Aより，電熱線Cの電気抵抗は，

$$\frac{2.0\,(\text{V})}{0.2\,(\text{A})} = 10\,(\Omega)$$

よって，回路全体の抵抗の大きさは，

$25\,(\Omega) + 10\,(\Omega) = 35\,(\Omega)$

⑶ 表1より，電熱線Aに2.0Vの電圧を加えると，50mAの電流が流れる。50mA = 0.05Aより，電熱線Aの電気抵抗は，

$$\frac{2.0\,(\text{V})}{0.05\,(\text{A})} = 40\,(\Omega)$$

回路全体の抵抗の大きさをRΩとすると，

$$\frac{1}{\text{R}} = \frac{1}{40\,(\Omega)} + \frac{1}{10\,(\Omega)}$$

よって，R = 8.0 (Ω)

⑷ 電熱線Aに加わる電圧は8.0Vなので，

$$\frac{8.0\,(\text{V})}{40\,(\Omega)} = 0.20\,(\text{A})$$

⑴ 25 (Ω)

⑵ 35 (Ω)

⑶ 8.0 (Ω)

⑷ 0.20 (A)

2 2．図1は20Ωの抵抗器Xと30Ωの抵抗器Yの直列回路なので，回路全体の抵抗は，

$20\,(\Omega) + 30\,(\Omega) = 50\,(\Omega)$

3．図2は20Ωの抵抗器Xと30Ωの抵抗器Yの並列回路なので，回路全体の抵抗Rは，

$$\frac{1}{\text{R}} = \frac{1}{20\,(\Omega)} + \frac{1}{30\,(\Omega)}$$

より，R = 12 (Ω)

4．2より，図1の回路全体の抵抗が50Ω，電源の電圧が3Vなので，回路全体に流れる電流は，

$$\frac{3\,(\text{V})}{50\,(\Omega)} = 0.06\,(\text{A})$$

ab間の電圧は，

$0.06\,(\text{A}) \times 20\,(\Omega) = 1.2\,(\text{V})$

また，bc間の電圧は，

$0.06\,(\text{A}) \times 30\,(\Omega) = 1.8\,(\text{V})$

ac間の電圧は電源の電圧に等しいので，3.0V。

5．図2では，20Ωの抵抗器Xと30Ωの抵抗器Yにかかる電圧は，電源の電圧の3Vに等しい。

よって，dを流れる電流は，

$$\frac{3\,(\text{V})}{20\,(\Omega)} = 0.15\,(\text{A})$$

eを流れる電流は，

$$\frac{3\,(\text{V})}{30\,(\Omega)} = 0.10\,(\text{A})$$

6．図2の電流計の指針がさす値は，dとeの和になるので，

$0.15\,(\text{A}) + 0.10\,(\text{A}) = 0.25\,(\text{A})$

1. (図1) 直列回路　(図2) 並列回路
2. 50Ω
3. 12Ω
4. (ab間) 1.2V　(bc間) 1.8V　(ac間) 3.0V
5. d. 0.15A　e. 0.10A
6. 0.25A

3 ⑴① 図1は並列回路なので，40Ωの抵抗㋐には，電源電圧と同じ20Vの電圧がかかる。

よって，抵抗㋐を流れる電流は，オームの法則より，

$$\frac{20\,(\text{V})}{40\,(\Omega)} = 0.5\,(\text{A})$$

② 図1の20Ωの抵抗㋑を流れる電流は，

$$\frac{20\,(\text{V})}{20\,(\Omega)} = 1\,(\text{A})$$

よって，図1の電源を流れる電流は，

$0.5\,(\text{A}) + 1\,(\text{A}) = 1.5\,(\text{A})$

⑵① 図2の20Ωの抵抗㋑にかかる電圧は，

$3\,(\text{A}) \times 20\,(\Omega) = 60\,(\text{V})$

抵抗㋐と抵抗㋑は並列なので，かかる電圧は等しい。

よって，40Ωの抵抗㋐に流れる電流は，

$$\frac{60\,(\text{V})}{40\,(\Omega)} = 1.5\,(\text{A})$$

② ①より，図2の回路全体に流れる電流は，

$3\,(\text{A}) + 1.5\,(\text{A}) = 4.5\,(\text{A})$

抵抗㋒と抵抗㋓は並列なので，これらの抵抗にかかる電圧は等しく，抵抗値の比は，

㈦：㈢＝ 10（Ω）：20（Ω）＝ 1：2
なので，それぞれを流れる電流の比は，
㈦：㈢＝ 2：1
になる。
よって，図 2 の抵抗㈢に流れる電流は，

$$4.5\,(A)\times\frac{1}{2+1}=1.5\,(A)$$

③　図 2 の電源電圧 E は，抵抗㈠および㈡にかかる電圧と抵抗㈦および㈢にかかる電圧の和で表される。①より，抵抗㈠および㈡にかかる電圧は 60V。②より，抵抗㈦および㈢にかかる電圧は，
1.5（A）× 20（Ω）＝ 30（V）
よって，図 2 の電源電圧 E は，
60（V）＋ 30（V）＝ 90（V）

④　図 2 の回路全体に流れる電流は 4.5A，電源電圧は 90V なので，回路全体の抵抗は，

$$\frac{90\,(V)}{4.5\,(A)}=20\,(\Omega)$$

答
⑴ ① 0.5（A）　② 1.5（A）
⑵ ① 1.5（A）　② 1.5（A）　③ 90（V）
④ 20（Ω）

4　問 1．図 1 より，抵抗器 P に 0.4A の電流が流れるとき，加わる電圧は 4 V。オームの法則より，抵抗器 P の抵抗の大きさは，

$$\frac{4\,(V)}{0.4\,(A)}=10\,(\Omega)$$

並列部分にかかる電圧は等しいので，抵抗器 Q にかかる電圧は 4 V で，図 1 より，流れる電流は 0.1A。抵抗器 Q の抵抗の大きさは，

$$\frac{4\,(V)}{0.1\,(A)}=40\,(\Omega)$$

抵抗 R にかかる電圧は，
12（V）－ 4（V）＝ 8（V）
で，流れる電流は，
0.4（A）＋ 0.1（A）＝ 0.5（A）
なので，抵抗器 R の抵抗の大きさは，

$$\frac{8\,(V)}{0.5\,(A)}=16\,(\Omega)$$

問 2．$\frac{12\,(V)}{0.5\,(A)}=24\,(\Omega)$

答
問 1．P．10（Ω）　Q．40（Ω）　R．16（Ω）
問 2．24（Ω）

§ 2．電力・発熱量（92 ページ）

5　⑴①　表 1 より，電気ポットの消費電力は 1000W なので，電源電圧が 100V のとき，電気ポットに流れた電流は，

$$\frac{1000\,(W)}{100\,(V)}=10\,(A)$$

②　1 分 45 秒＝ 105 秒より，
1000（W）× 105（秒）＝ 105000（J）

③　500g の水を 1 ℃上昇させるのに必要な熱量は，
4.2（J）× 500（g）＝ 2100（J）
②より，電気ポットで発生した熱量は 105000J なので，電気ポットの中の水 500g の上昇温度は，

$$\frac{105000\,(J)}{2100\,(J)}=50\,(℃)$$

よって，電流を流したあとの電気ポットの水の温度は，
20（℃）＋ 50（℃）＝ 70（℃）

⑵　電源電圧が一定のとき，電気抵抗が大きいと，流れる電流は小さくなり，消費電力も小さくなる。
よって，表 1 より，消費電力が最も小さいものを選ぶ。

⑶　表 1 に示されている電気器具の 1 日あたりの電力量を求める。電気ポットが 1 日あたりに使用した電力量は，6 分＝ 0.1 時間より，
1000（W）× 0.1（h）＝ 100（Wh）
同様に，電灯は，
100（W）× 10（h）＝ 1000（Wh）
テレビは，
200（W）× 5（h）＝ 1000（Wh）
冷蔵庫は，
50（W）× 24（h）＝ 1200（Wh）
掃除機は，
1200（W）× 1（h）＝ 1200（Wh）
したがって，1 日に使用する電力量は，
100（Wh）＋ 1000（Wh）＋ 1000（Wh）
＋ 1200（Wh）＋ 1200（Wh）＝ 4500（Wh）
より，4.5kWh。30 日間に使用する電力量は，
4.5（Wh）× 30（日間）＝ 135（kWh）
表 2 より，最初の 10kWh は 350 円，残りの，
135（kWh）－ 10（kWh）＝ 125（kWh）
は，1 kWh あたり 30 円。

よって，この家庭の1ヶ月の電気料金は，

350 (円) + 30 (円) × 125 (kWh) = 4100 (円)

(4) 家庭用電源は100Vなので，それぞれの電気器具に流れる電流の大きさを求める。電気ポットに流れる電流の大きさは，(1)より，10A。

電灯は，

$\frac{100\,(\mathrm{W})}{100\,(\mathrm{V})} = 1\,(\mathrm{A})$

テレビは，

$\frac{200\,(\mathrm{W})}{100\,(\mathrm{V})} = 2\,(\mathrm{A})$

冷蔵庫は，

$\frac{50\,(\mathrm{W})}{100\,(\mathrm{V})} = 0.5\,(\mathrm{A})$

掃除機は，

$\frac{1200\,(\mathrm{W})}{100\,(\mathrm{V})} = 12\,(\mathrm{A})$

同じ回路に同時に流れる電流の大きさは，

アは，

1 (A) + 2 (A) + 0.5 (A) = 3.5 (A)

イは，

10 (A) + 1 (A) + 2 (A) + 0.5 (A) = 13.5 (A)

ウは，

1 (A) + 0.5 (A) + 12 (A) = 13.5 (A)

エは，

10 (A) + 12 (A) + 0.5 (A) = 22.5 (A)

(1) ① 10 (A)　② 105000 (J)　③ 70 (℃)

(2) エ

(3) 4100 (円)

(4) エ

6 (1) オームの法則より，

$\frac{20\,(\mathrm{V})}{50\,(\Omega)} = 0.4\,(\mathrm{A})$

(2) (1)より，電熱線に流れる電流は0.4Aなので，

0.4 (A) × 20 (V) = 8 (W)

(3) (2)より，電熱線が消費する電力は8Wなので，5分 = 300秒より，電熱線から発生した熱は，

8 (W) × 300 (s) = 2400 (J)

よって，水の温度上昇は，

$1\,(℃) \times \frac{2400\,(\mathrm{J})}{4.2\,(\mathrm{J})} \times \frac{1\,(\mathrm{g})}{200\,(\mathrm{g})} \fallingdotseq 2.9\,(℃)$

(1) 0.4 (A)

(2) 8 (W)

(3) 2.9 (℃)

7 問1．測定する部分に対して，電流計は直列に，電圧計は並列につなぐ。

問2．

（電熱線A）表より，電流を流す前の水温は18.0℃，3分間電流を流したあとの水温は23.4℃なので，水温の変化は，

23.4 (℃) − 18.0 (℃) = 5.4 (℃)

水1gを1℃上昇させるのに必要な熱量は4.2Jで，容器に水100gを入れたので，電熱線Aの発熱量は，

$4.2\,(\mathrm{J}) \times \frac{100\,(\mathrm{g})}{1\,(\mathrm{g})} \times \frac{5.4\,(℃)}{1\,(℃)} = 2268\,(\mathrm{J})$

（電熱線B）電流を流す前の水温は18.0℃，3分間電流を流したあとの水温は19.8℃なので，水温の変化は，

19.8 (℃) − 18.0 (℃) = 1.8 (℃)

よって，電熱線Bの発熱量は，

$4.2\,(\mathrm{J}) \times \frac{100\,(\mathrm{g})}{1\,(\mathrm{g})} \times \frac{1.8\,(℃)}{1\,(℃)} = 756\,(\mathrm{J})$

問3．問2より，電熱線Aの3分間の発熱量は2268Jなので，3分 = 180秒より，電熱線Aの消費電力は，

$\frac{2268\,(\mathrm{J})}{180\,(\mathrm{s})} = 12.6\,(\mathrm{W})$

15分 = 0.25時間より，電熱線Aを15分間使用したときに消費される電力量は，

12.6 (W) × 0.25 (h) = 3.15 (Wh)

1kWh = 1000Whより，0.00315kWh。

問4．問2より，電熱線Bの3分間の発熱量は756J。3分 = 180秒より，電熱線Bの消費電力は，

$\frac{756\,(\mathrm{J})}{180\,(\mathrm{s})} = 4.2\,(\mathrm{W})$

電熱線に加わる電圧は10Vなので，流れる電流は，

$\frac{4.2\,(\mathrm{W})}{10\,(\mathrm{V})} = 0.42\,(\mathrm{A})$

問5．

（電熱線A）問3より，電熱線Aの消費電力は12.6W。電熱線に加わる電圧は10Vなので，流れる電流は，

$\frac{12.6\,(\mathrm{W})}{10\,(\mathrm{V})} = 1.26\,(\mathrm{A})$

よって，抵抗の大きさは，オームの法則より，

$\frac{10\,(\mathrm{V})}{1.26\,(\mathrm{A})} \fallingdotseq 7.9\,(\Omega)$

（電熱線B）問4より，電熱線Bは10Vの電圧が加わると0.42Aの電流が流れるので，抵抗の大きさは，

$$\frac{10\,(\text{V})}{0.42\,(\text{A})} \fallingdotseq 23.8\,(\Omega)$$

【別解】

問2より，電熱線Aの3分間の水温の変化が電熱線Bの，

$$\frac{5.4\,(℃)}{1.8\,(℃)} = 3\,(\text{倍})$$

なので，電熱線Bの抵抗の大きさは電熱線Aの3倍。

よって，電熱線Bの抵抗の大きさは，

$$7.9\,(\Omega) \times 3 = 23.7\,(\Omega)$$

問6．図2は並列回路なので，電熱線A，Bはどちらも電源電圧と同じ10Vの電圧が加わる。電熱線A，Bを入れた容器の条件はそれぞれ図1と同じなので，電熱線A，Bの水温はそれぞれ表と同じように変化する。問2より，電熱線A，Bの3分間の水温の変化は，5.4℃，1.8℃。発熱量は時間に比例するので，水温の変化も時間に比例する。電熱線Aと電熱線Bの10分間の水温の変化は，

$$(5.4 + 1.8)\,(℃) \times \frac{10\,(\text{分})}{3\,(\text{分})} = 24\,(℃)$$

問1. X. 電流計　Y. 電圧計
問2. (電熱線A) 2268 (J)　(電熱線B) 756 (J)
問3. 0.00315 (kWh)
問4. 0.42 (A)
問5. (電熱線A) 7.9 (Ω)
(電熱線B) 23.8 (または，23.7) (Ω)
問6. 24 (℃)

§3．磁界 (94ページ)

8　問2．

(1)　磁界は，同じ極どうしは反発し合い，異なる極どうしは引き合う。

(2)・(3)　磁界は，N極から出てS極に入る向き。

問3．まっすぐな導線に電流を流すと，導線を中心に，電流が流れる向きに対して右回りの同心円状の磁界ができる。図2で，導線の真上には右向きの磁界ができるので，磁針のN極は右にふれる。

問4．図3で，上から見て時計回りの磁界が生じるので，それぞれの磁針のN極は磁界の向きを指す。

問5．導線1によって生じた磁界は，導線2の位置では図4のウの向きにはたらく。導線2にはたらく力の向きは，フレミングの左手の法則より，イ。

問1. 1. 磁力　2. 磁力線　3. 強い
問2. (1) ア　(2) b　(3) c
問3. ア
問4. エ
問5. イ

9　(1)　オームの法則より，

$$\frac{8\,(\text{V})}{0.5\,(\text{A})} = 16\,(\Omega)$$

(2)　磁石による磁界の向きは，N極からS極の向きになる。
また，電流のまわりに生じる磁界の向きは，右ねじの進む向きを電流の向きに合わせたとき，右ねじを回す向きになる。

(3)　抵抗の小さい電熱線に替えると，コイルに流れる電流の大きさが大きくなるので，電流のまわりの磁界が強くなり，コイルの動きは大きくなる。

(4)　U字形磁石のN極とS極を上下逆にすると，磁石による磁界の向きが逆になるので，コイルにはたらく力の向きも逆になり，コイルが動く向きは逆になる。

(1) 16 (Ω)
(2) (磁石) イ　(コイル) ウ
(3) ウ
(4) イ

§4．電磁誘導 (96ページ)

10　(2)①　コイルの上側からN極を遠ざけているので，コイルの上側にN極を近づけたときは逆の向きに電流が流れる。

②　磁石とコイルの両方を静止させると，コイルの中の磁界は変化しない。

③　コイルに入る前は，コイルの上側にN極を近づけているので，bの方向に電流が流れる。通過後は，コイルの下側からS極を遠ざけているので，aの方向に電流が流れる。

(3)オ．棒磁石を静止させたままコイルを動かすと，棒磁石とコイルの距離が変化してコイルの中の磁界が変化するので，電流が流れる。

(1) 電磁誘導

(2) ① ア　② オ　③ エ

(3) オ

11 ②　図１より，棒磁石の動きをさまたげるようにコイルＡに誘導電流が流れるので，コイルＡの左側がＮ極となるような磁界ができる。コイルに流れる電流の向きに右手の親指以外の４本の指を合わせて握ったとき，親指の向きがＮ極となるので，コイルＡの左側がＮ極となるような磁界ができるとき，コイルＡに流れる電流の向きは，イ。

③　逆向きの電流を発生させるには，速さに関係なく棒磁石の近づける極を逆にする，または，同じ極を遠ざける。

答

① 誘導電流

② イ

③ イ